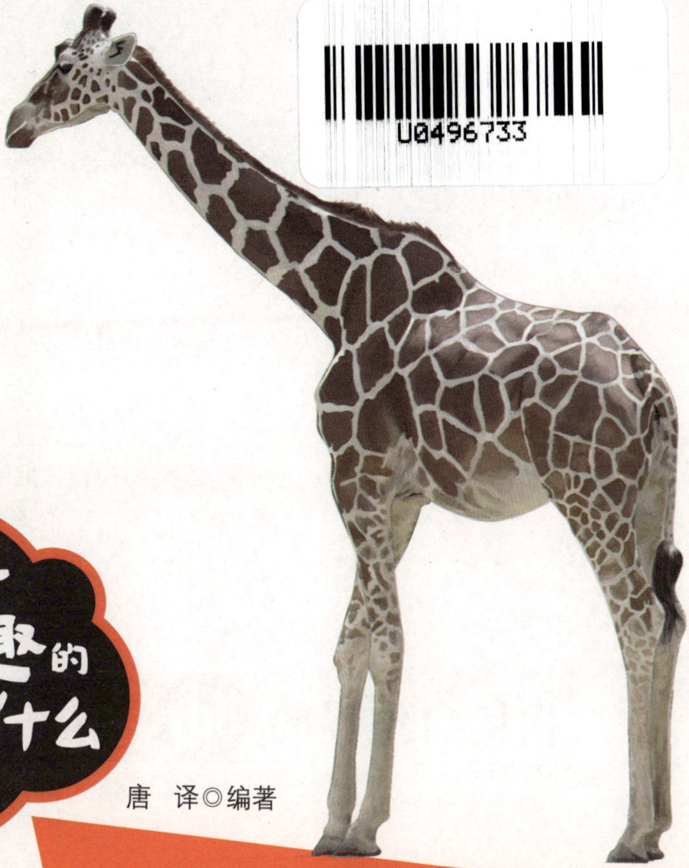

孩子最感兴趣的十万个为什么

（美绘版）

唐　译◎编著

揭秘自然界的哺乳动物

Jiemi Ziranjie De Buru Dongwu

图书在版编目（CIP）数据

揭秘自然界的哺乳动物 / 唐译编著. -- 北京 : 企业管理出版社，2014.7
(十万个为什么)
ISBN 978-7-5164-0863-6

Ⅰ. ①揭… Ⅱ. ①唐… Ⅲ. ①哺乳动物纲－青少年读物 Ⅳ. ①Q959.8-49

中国版本图书馆CIP数据核字(2014)第113877号

揭秘自然界的哺乳动物

唐 译◎编著

选题策划：井 旭
责任编辑：周灵钧
书　　号：ISBN 978-7-5164-0863-6
出版发行：企业管理出版社
地　　址：北京市海淀区紫竹院南路17号　邮编：100048
网　　址：http://www.emph.cn
电　　话：总编室（010）68701719　发行部（010）68414644
编辑室（010）68701074　（010）68701891
电子信箱：emph003@sina.cn
印　　刷：北京市通州富达印刷厂
经　　销：新华书店
规　　格：170毫米×240毫米　16开　11印张　120千字
版　　次：2015年1月第1版　2015年1月第1次印刷
定　　价：25.00元

探索哺乳动物王国的奥秘

翻开这本《揭秘自然界的哺乳动物》，才发现我们身边有许许多多的哺乳动物。生活中最常见的有狗、猫、猪、羊、牛、马等。稍加用心观察就会发现，刚生下来的小猫闭着眼睛吃奶，甚是可爱！同时猫也是较温顺的小动物，更是捕鼠能手。老虎、大象、猴子、大熊猫，也是很多人所熟悉的哺乳动物。

其实，人类的生活和哺乳动物密切相连，而它们也与人类有着千丝万缕的联系。它们有许多为适应生存而不断进化的特征，从而形成了千奇百怪的形态，其生活习性更是变化万千。总之，在我们眼里它们是如此地奇巧精妙，又是那么不可思议，它们就是这样以我们人类捉摸不透的生活方式与其他动物共同享受着这个绿色地球。

在哺乳动物王国里，它们的奇闻逸事比比皆是，诸如为什么大象的鼻子那么长？为什么大象总爱往身上涂泥沙？为什么狮子常常在睡觉？为什么狮子被称为“兽中之王”？为什么说美洲豹比狮子、老虎的本领都大？为什么会有小鸟时常停留在犀牛的背上？为什么牛的嘴巴总是嚼个不停？为什么驴喜欢在地上打滚？

为什么河狸要筑坝？马为什么站着睡觉？为什么小狗在睡觉时会将耳朵贴在地上……

其实，多亲近哺乳动物，就会发现它们的一些有趣的事情。让我们带着求知的心一起走入哺乳动物的世界吧。为增强阅读及鉴赏性，本书配有数百幅栩栩如生的精美手绘图，寓教于乐，融知识、美育、趣味于一体。让小朋友尽享阅读的乐趣！

接下来就开启大家的阅读之旅吧……已知的，未知的，许许多多的问题，都能在这里找到答案！

目录

1. 为什么森林里看不见大象的尸体 2
2. 为什么大象的鼻子那么长 3
3. 大象的鼻子有哪些重要作用 4
4. 为什么大象总爱往身上涂泥沙 5
5. 为什么老虎的皮毛有条纹 6

6. 为什么说“一山容不下二虎” 7
7. 为什么东北虎又叫白额虎 8
8. 为什么狮子常常在睡觉 9
9. 为什么雄狮不狩猎 10
10. 为什么狮子被称为“兽中之王” 11
11. 雄狮为什么怒吼 12
12. 美洲狮是狮子吗 13
13. 为什么豹子的身上长满了斑点 14
14. 猎豹为什么能疾跑狂奔 15
15. 为什么猎豹不是豹 16
16. 为什么说雪豹非常灵敏 17
17. 为什么华南豹又叫金钱豹 18
18. 为什么云豹妈妈有时会将小宝宝吃掉 19
19. 为什么金钱豹要将猎物拖上树 20
20. 为什么狮子、老虎、豹子总在白天睡觉 21
21. 为什么说美洲豹比狮子、老虎的本领都大 22
22. 为什么原豹不是豹 23
23. 猞猁为什么会遭灭顶之灾 24

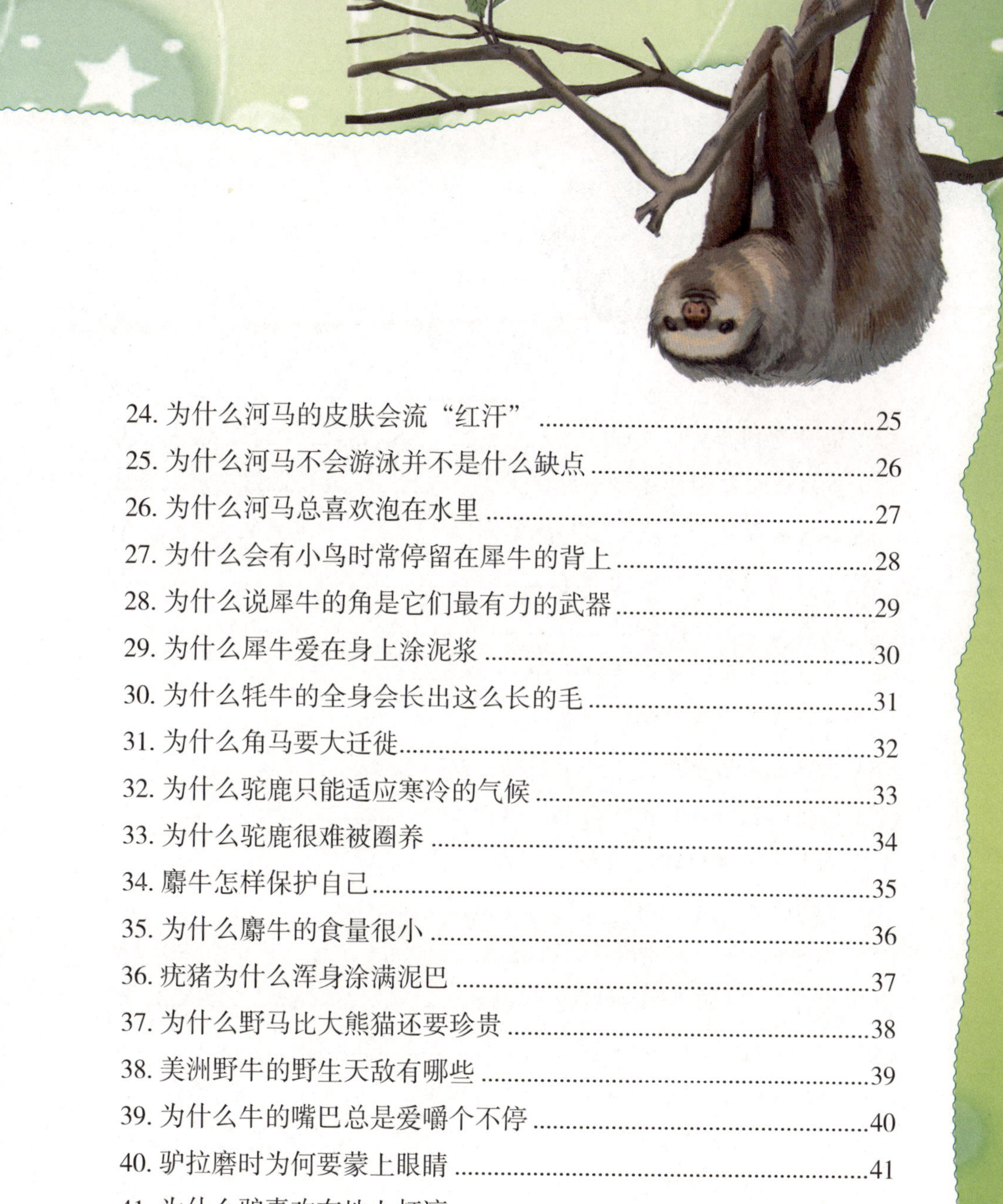

24. 为什么河马的皮肤会流“红汗” 25

25. 为什么河马不会游泳并不是什么缺点 26

26. 为什么河马总喜欢泡在水里 27

27. 为什么会有小鸟时常停留在犀牛的背上 28

28. 为什么说犀牛的角是它们最有力的武器 29

29. 为什么犀牛爱在身上涂泥浆 30

30. 为什么牦牛的全身会长出这么长的毛 31

31. 为什么角马要大迁徙 32

32. 为什么驼鹿只能适应寒冷的气候 33

33. 为什么驼鹿很难被圈养 34

34. 麝牛怎样保护自己 35

35. 为什么麝牛的食量很小 36

36. 疣猪为什么浑身涂满泥巴 37

37. 为什么野马比大熊猫还要珍贵 38

38. 美洲野牛的野生天敌有哪些 39

39. 为什么牛的嘴巴总是爱嚼个不停 40

40. 驴拉磨时为何要蒙上眼睛 41

41. 为什么驴喜欢在地上打滚 42

42. 为什么狼喜欢在夜间嚎叫 43

43. 为什么狼的眼睛夜间会发光 44

44. 为什么黑背胡狼是地狱和死亡之神 45

45. 为什么鬣狗被称为“草原清道夫” 46

46. 为什么称斑鬣狗群为母系社会 47

47. 为什么刺猬会长硬刺......48
48. 为什么刺猬会怕狐狸......49
49. 为什么黄鼠狼放屁特别臭......50
50. 为什么狐獴天生就佩戴一副太阳镜......51
51. 为什么说臭鼬爱放屁......52
52. 臭鼬是如何繁殖的......53
53. 为什么獾住的洞穴特别干净......54
54. 为什么狗獾的家洞口很多......55
55. 为什么人们称袋獾为“塔斯马尼亚的恶魔”......56
56. 为什么蜜獾和导蜜鸟是最佳搭档......57
57. 为什么树懒行动这么慢......58
58. 为什么水獭不怕冷......59
59. 为什么河狸要筑坝......60
60. 为什么白兔的眼睛是红色的......61
61. 为什么兔子的耳朵特别长......62
62. 为什么会有“守株待兔”的寓言故事......63
63. 为什么金仓鼠食量如此大......64
64. 为什么老鼠喜欢磨牙......65
65. 为什么鼹鼠喜欢过暗无天日的日子......66
66. 为什么称土拨鼠是“睡鼠”......67
67. 为什么人们很少能见到睡鼠......68
68. 巢鼠的巢在哪里......69
69. 针鼹是如何防御敌人的......70

70. 针鼹是如何捕食的......71
71. 为什么松鼠要长一个大尾巴......72
72. 为什么猴子爱给同伴抓虱子......73
73. 为什么大猩猩会捶打胸脯......74
74. 为什么吼猴的叫声很洪亮......75
75. 为什么环尾狐猴常常竖起尾巴......76
76. 为什么说长臂猿是“空中杂技演员”......77
77. 为什么蜘蛛猴有第五只“手”......78
78. 猩猩会制作工具吗......79
79. 为什么金丝猴一年要搬两次“家”......80
80. 为什么猴子会模仿人的动作......81
81. 蜂猴是如何保护自己的......82
82. 疣猴如何捍卫自己的领地......83
83. 长鼻猴与其他猴类最大的区别是什么......84
84. 为什么要给马钉铁掌......85
85. 马为什么站着睡觉......86
86. 斑马的条纹是为了好看吗......87
87. 为什么称斑马为“水利专家”......88
88. 为什么斑马爱和长颈鹿生活在一起......89
89. 为什么猪爱拱地......90
90. 关中奶山羊为什么是乳用山羊的代表......91
91. 为什么狗在夏天常常会伸出舌头......92

92. 为什么小狗在睡觉时会将耳朵贴在地上 93
93. 为什么狗能啃硬骨头......94
94. 为什么猫眼会一日三变 95
95. 为什么猫走起路来没有声音 96
96. 为什么猫爱用爪子“洗脸” 97
97. 为什么山猫又叫豹猫......98
98. 为什么骆驼能在沙漠里找到水源 99
99. 骆马的外形特征有哪些 100
100. 为什么说穿山甲是“森林卫士” 101
101. 为什么大食蚁兽的嘴是管状的 102
102. 黑熊都是黑色的吗......103
103. 为什么管这种熊叫浣熊 104
104. 为什么北极熊不怕冷......105
105. 北极熊的过冬绝招是什么 106
106. 为什么貂熊又被称为“飞熊” 107
107. 为什么松鼠的天敌是松貂 108
108. 树袋熊的口袋在哪里......109
109. 袋鼠肚子上的口袋有什么用 110
110. 为什么树懒会失去步行的平衡能力 111
111. 大灵猫的御敌方法是什么 112
112. 薮猫的主要特征有哪些 113
113. 成年海豚是如何照料小海豚的 114
114. 海豚赖以生存的本能是什么 115

115. 为什么说海豹是“潜水高手” 116
116. 为什么海豹喜欢吃石块 117
117. 为什么海象要长长牙 118
118. 为什么犰狳被称为“古代武士” 119
119. 为什么长颈鹿的脖子那么长 120
120. 长颈鹿为什么耐渴 121
121. 为什么只有鹿角能完整再生 122
122. 牛羚是牛还是羊 123
123. 为什么麋鹿是我国的特产 124
124. 赤斑羚的生活习性有哪些 125
125. 最小的有蹄类动物是什么 126
126. 旋角羚为什么适宜在沙漠地带生活 127
127. 为什么梅花鹿身上的“梅花”会变 128
128. 毛冠鹿的头上真的没有长角吗 129
129. 为什么白唇鹿被称作“抗寒勇士” 130
130. 小熊猫是幼年的大熊猫吗 131
131. 为什么称大熊猫为“国宝” 132
132. 为什么熊猫的爪是“六指儿” 133
133. 为什么大熊猫爱吃竹子 134
134. 北极狐是如何捕杀猎物的 135
135. 为什么称狐狸为“智多星” 136
136. 为什么狐狸会空“手”而归 137
137. 为什么赤狐能报警 138
138. 为什么蝙蝠夜间飞撞不到树 139
139. 为什么鸭嘴兽是哺乳动物 140
140. 鸭嘴兽如何保护自己 141
141. 为什么双螈是青蛙和蝾螈的祖先 142
142. 为什么壁虎能在墙上爬却掉不下来 143

143. 为什么绿鬣蜥喜欢晒太阳 144
144. 三角恐龙的颈盾和角有什么作用 145
145. 易碎双腔龙是已知的最大的恐龙吗 146
146. 梁龙为什么是恐龙世界中的体长冠军 149
147. 为什么食肉性恐龙很难靠近钉状龙 150
148. 为什么似鳄龙被称为“沼泽杀手” 152
149. 为什么暴龙被称为“世上最可怕的掠食者” 153
150. 为什么霸王龙被称为“暴君” 154
151. 为什么说小盗龙是最小的恐龙之一 155
152. 似鸵龙与鸵鸟长得很像吗 156
153. 为什么说美颌龙类是掠食者 158
154. 为什么说剑龙是最笨的恐龙 159
155. 为什么说沧龙是现代蜥蜴和蛇的近亲 160
156. 为什么翼龙能在空中飞行 161
157. 中国鸟龙为什么不是鸟类 162
158. 为什么说窃蛋龙类是不飞鸟的远古祖先 163
159. 为什么始盗龙被称为“黎明的盗贼” 164

揭秘自然界的

哺乳动物

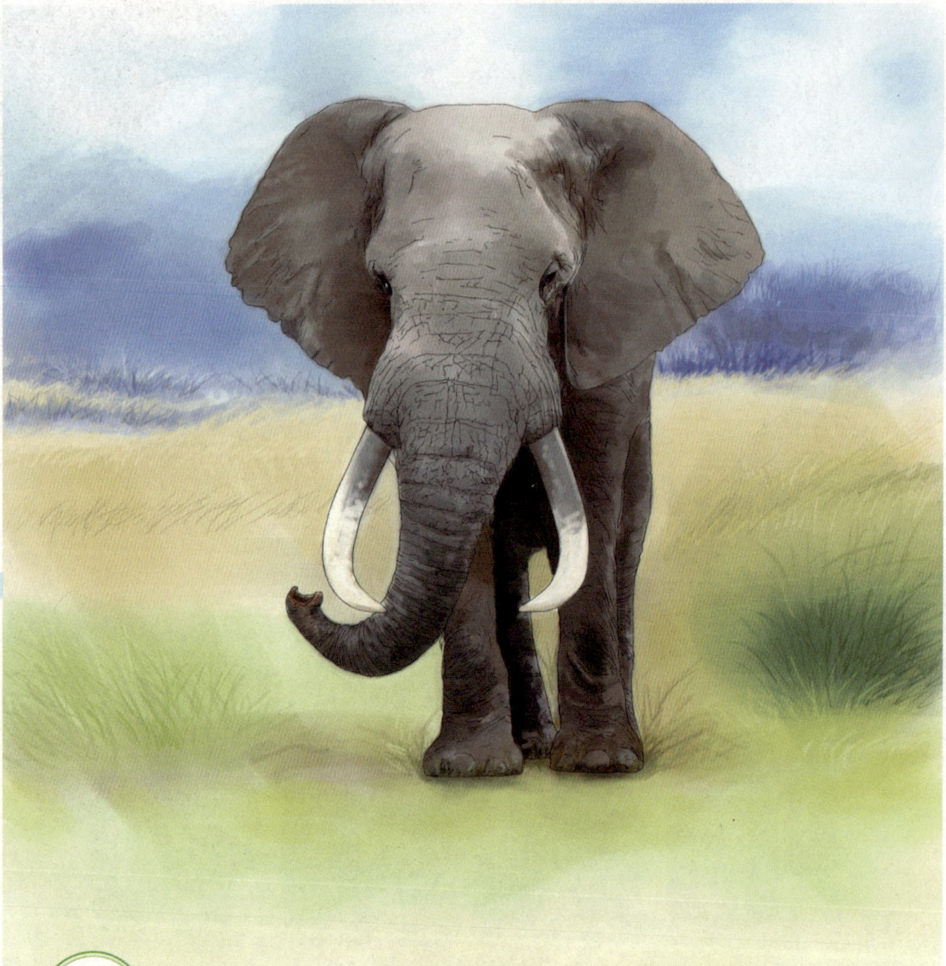

为什么森林里看不见大象的尸体

森林里经常能看到各种动物的尸体，却看不到大象的尸体，这是为什么呢？原来，当一只大象死去后，同伴们就会围拢上来，一面发出痛苦的哀叫声，一面用石块、木草把死去的大象埋藏起来，因此在森林里，就不容易看见大象的尸体了。

所有的象都长牙吗

大部分的大象都长有两根既长又尖的牙齿。但是耳朵较小的亚洲象，只有公象才长牙齿，母象是不长牙齿的。

为什么大象的鼻子那么长

大象的长鼻子是最引人注目的一大特征。当然，大象的长鼻子也是从短鼻子进化而来的。根据自然选择学说，大象祖先的鼻子变得越来越长，是因为长鼻子是它们的生存优势。为什么呢？

其实，大象的鼻子还有另一个作用。如果它们要横渡河流或湖泊时，即使河水、湖水很深，甚至把它们给淹没了，也不会吓倒它们，因为它们可以把长长的鼻子伸出水面进行呼吸，就像一根通气管。

小博士趣闻

象的种属

大象是最大的陆地哺乳动物。它们最基本的特征就是长有既长又灵活的鼻子、弯曲的白色长牙和巨大的蒲扇般的大耳朵。象有3个不同的种属，即亚洲象、印度象和非洲象。

大象的鼻子有哪些重要作用

大象的鼻子不仅是呼吸器官和嗅觉器官，有呼吸功能和嗅觉功能，它还有触觉功能，还可用来摄取食物，饮水，搬运物品以及进行攻击，甚至还用来在个体间交流感情，传送信息；经过训练的象，还能用鼻子握住口琴吹起曲子来。毫不夸张地说，大象的鼻子简直就是一把万能工具。大象时常竖起长长的鼻子，在空中摆动，可嗅出几百米外甚至更远的气味，它还可判断是否有危险，一旦发觉有险情，要么逆风而逃，要么猛冲过去，决一死战。

大象的鼻子像人手一样灵活，有时它会伸长鼻子，轻而易举地就把树上的果子和枝叶捋下，然后再卷回鼻子，送进嘴里；若是想吃地面上的草，连根拔起时，会在腿上拍打掉泥土再送到嘴里吃；它还能用鼻子嗅出哪里有好吃的食物呢！

小博士趣闻

老鼠与大象

有很多小朋友曾说，大象力大无比，却很害怕小老鼠。这个说法根本站不住脚。因为大象的嗅觉非常灵敏，即便是一只老鼠从鼻子旁边跑过，它也能马上嗅出老鼠的气味。另外，即使老鼠钻进了大象的鼻子里，它们会马上闭合鼻腔里的软骨，从而阻挡老鼠的去路。这时，大象只要长出一口气，就会把老鼠喷出去。

为什么大象总爱往身上涂泥沙

大象的皮肤很厚，可是在它们皮肤的褶皱之间有很多薄嫩的地方。这地方皮肤很薄，也是最容易受到敌方攻击的部位。例如，一些吸血的蚊虫专爱钻进大象的皮肤褶缝里，然后用力叮咬，使大象很难受。所以大象在洗完澡后总会用泥沙和泥浆涂在身上，这样就可以将皮肤的褶缝处堵住，从而形成一层保护膜，以避免被吸血蚊虫叮咬。

谁是哺乳动物中的老寿星

哺乳动物中，一些体形比较大的动物寿命也比较长，它们是哺乳动物中的长寿者。例如，狮子的寿命约30年；熊的寿命约34年；河马的寿命约41年；犀牛的寿命约47年。然而谁是哺乳动物中真正的老寿星呢？那就应该算是大象了。大象的幼仔哺乳期长达20个月左右，真正成熟要到18岁，而它的最长寿命可长达120年，这是其他哺乳动物所无法比的。

为什么老虎的皮毛有条纹

提起老虎，首先浮现在脑海中的自然是老虎身上的那些带条纹的皮毛了。而这些条纹的皮毛有哪些作用呢？是因为好看吗？当然不是。老虎通常独自在黄昏的时候出来捕猎。当它们发现猎物时，身上的条纹皮毛就要发挥重要的作用了。当它们悄悄捕猎时，身上的条纹皮毛能够使自己与周围的植被很好地交融在一起，从而更加隐蔽地接近猎物。它们的猎物通常有鹿、野牛和野猪等。当这些猎物在水边喝水时，老虎常常会突然出击猛扑过去，再紧紧咬住猎物的喉咙，使它们窒息而死。

小博士趣闻

虎中之王

东北虎可谓是当今虎中之王。体重一般在180～200千克。最重可达到350千克，体长约2米，最长可达到3米，尾长约1米。

为什么说“一山容不下二虎”

老虎是一种领域意识很强的动物，除了在交配繁殖时匆匆地聚在一起外，平时总是独自占据一定的领域。一旦有其他同类或是异类入侵自己的领地时，它们会立刻发起猛烈的攻击。另外，由于老虎是一种大型食肉动物，食量很大，一只成年的老虎一年大概需要3500千克左右的食物。因此，如果在一片区域内同时生活着好几只老虎，就会出现食物危机。为了确保有一块较大的捕食领地，能够猎取到足够多的食物，那么就只能一山容一虎了。

非常稀少的白虎

不要以为白虎是老虎的一个新品种，事实上它们都属于孟加拉虎的变种，这是由基因突变所导致的。但白虎的这种基因变异属于有害变异，因为这种变异很难使自己很好地隐藏起来，使它很难在自然环境中生存。白虎数量稀少，条纹为深褐色或黑色，其余全为白色，眼睛为蓝色。

为什么东北虎又叫白额虎

东北虎喜欢生活在大森林、灌木丛和野草丛生的地方，尤其是长有很多红松树的大树林中。如今，野外的东北虎已经稀少了，因此被列为我国一级保护动物。这么珍贵的东北虎，到底长得什么样呢？东北虎长着圆圆的头、宽嘴巴和大眼睛，前额处有许多道黑色的横纹，像个“王”字，它的身体背部和四肢外侧的底色为橙黄色（如桔子皮），腹部及四肢的内侧是白色的，尤其要记住，东北虎背部的黑色条纹是双行的，这也是东北虎和其他几种老虎最明显的区别。由于在它的眼睛上方有一块白，所以又把东北虎叫“白额虎”。

小博士趣闻

为什么东北虎濒临灭绝

由于东北虎的经济价值极高，因此遭到人类的肆意捕杀。加之虎的繁殖率很低，其寿命一般约25年，3～4岁时性成熟，每年12月至翌年2月发情，怀孕期105～110天，每胎一般产三四仔。幼虎吮吸母亲乳汁长大，要跟随母虎一至两年才能独立生活。这样一来，人们对东北虎的捕杀率大大超过了它的繁殖率，这是东北虎濒临灭绝的直接原因。另外，滥伐森林，乱捕乱杀野生动物，严重破坏了生态平衡，从而间接地造成了东北虎为濒临灭绝的物种。

为什么狮子常常在睡觉

狮子在捕食猎物的时候需要消耗很多的体力，为了积聚足够的精力来获取更丰盛的猎物，狮子平时会长时间躺下来睡觉，它们每天大约要睡20小时。狮子是夜行动物，通常白天也会躺卧在自己的领域，趴在阴凉舒适的地方，美美地酣睡起来。即使旁边有四驱车不停地打转也不会打扰它们的美梦。狮子是群居动物，在它们酣然大睡时，周围还会有其他的狮子负责警戒或巡视。

草原霸主

在狮子的领地中，雌狮必须防范其他的雌狮进入自己的领地；而雄狮也必须防范其他雄狮进入自己的家园。因为，一旦新来的雄狮在决斗中获胜，它会将狮群中的幼狮杀死，而让雌狮为自己生育后代。

为什么雄狮不狩猎

非洲人将雄狮称为“懒骨头”、“自私自利者”。为什么呢？因为狩猎的工作是由雌狮来完成的。而雄师真的是“懒骨头”吗？在一个狮群中，成年的雌雄狮子是有明确的分工的。雌师除了产仔繁殖后代外，主要任务就是捕猎；而雄狮除了做幼狮的爸爸外，主要是狮群的保护者，负责整个狮群的安全。一旦发现敌人入侵，或者袭击狮群中的成员，雄狮就会挺身而出，把入侵者赶走。

等级森严的家庭制度

狮群中等级分明。在狮群内部的进食顺序上，雄狮具有无可非议的优先权，母狮次之，而小狮崽们则只能等着捡些碎骨残肉。狮子填饱肚子后将找就近的水源补充足够的水分，然后在附近休息好几天。如果附近没有水源，狮子也能较长时间忍受干渴，因为新鲜猎物的血肉中所包含的水分本来就很丰富。

为什么狮子被称为“兽中之王”

狮子是食肉动物，以斑马、羚羊、长颈鹿等动物为食。它的力气很大，能用牙齿咬住二三百斤的猎物，独自拖走，能一口咬断斑马的脖子。它长有尖利的脚爪，有锋利的犬齿和臼齿，舌头上还长有骨质倒刺，可以削刮骨头上的肉。几只狮子共同追捕猎物时，它们常常围成一个扇形，把捕猎对象围在中间，从而切断猎物的逃跑路线。狮子有时候并不一定要亲自猎食，而是勇猛地从猎豹等动物的口中直接将猎物夺取过来，这也往往是狮子大耍威风的时刻。狮子主要生活在非洲的草原和沙漠地带。它的体魄硕大强健，肌肉发达，吼声如雷，给人一种不可一世、称霸一方的感觉。所以，人们把狮子称为“兽中之王”。

小博士趣闻

为什么狮子不会冒险捕食鬣狗

鬣狗的咬力非常大，狮子捕食鬣狗很有可能被反咬一口，那样很容易受重伤。而且鬣狗群落非常大，多达50多只，它们可以召集群落中的鬣狗集体对付狮子，在鬣狗的围攻下，有些母狮甚至会被咬死。在有其他食草性动物供其捕食的情况下，狮子不会冒险捕食鬣狗。

雄狮为什么怒吼

狮子极爱吼叫，而且爱经常性地吼叫，是因为愤怒吗？当然不是。其实它的吼叫主要是为了宣誓其领地，威慑其他狮子或食肉动物，使它们不敢进入自己的领地，显示它的威风。在所有的猫科动物中，狮子怒吼声最大，而且次声波的传播距离也最远。这是因为雄狮的喉软骨最为发达。如果新狮王与老狮王进行决斗，一旦新狮王获胜，则会长时间仰天大吼，甚至能连续吼上几天几夜，以此宣示自己就是新王国的君主。在一个狮群中，主要靠母狮族长来狩猎。

小博士趣闻

雄狮的长鬃毛有什么作用

雌狮最喜欢披挂着长长鬃毛的雄狮，它们最具备“男子汉”的魅力。美国明尼苏达大学的韦斯特和帕克教授的研究表示：雄狮的“发型”是“男子汉”的宣言书——鬃毛的长度和颜色是雄狮健康的标志，也是“睾丸激素水平”的温度表，更是力量的象征。力量在狮群中是极为重要的，它既可以保证雌狮及幼狮的安全，其威慑力量又可以吓退敢于强占妻妾的“第三者”。

美洲狮是狮子吗

美洲狮又叫“山狮”，它们虽然和狮子长得非常像，可实际上并不是狮子。美洲狮属于猫科动物中的猫亚科，狮子则属于猫科动物中的豹亚科，它们在外形和习性方面都有很大的不同。从外形上看，狮子体形巨大，耳朵好似短短的半个圆，前肢比后肢强壮，尾巴也较长，末端还长有一簇深色的长毛。而美洲狮体形要小得多，耳朵又尖又长，尾巴比较粗，看上去更像一只“大猫”。从习性上看，狮子非常凶猛，常以大型动物为食，而美洲狮性情温和，从不会主动发起攻击。美洲狮不喜群居，常常单独行动。

美洲狮的生活环境

美洲狮生活于森林、丛林、丘陵、草原、半沙漠和高山等多种环境，可以适应多种气候。美洲狮喜欢在隐蔽、安宁的环境中生活。

为什么豹子的身上长满了斑点

豹子的身上长满了斑点，这些斑点可不容小觑，为什么呢？这些斑点其实就是它们的天然伪装服。当阳光透过树叶洒在豹子金色的皮毛上，它们身上的斑点与周围的环境浑然一体，俨然披上了一件华丽的伪装服，很难被人发现。而当豹子埋伏在树林中时，它们身上的斑点又会和树荫、树叶混为一体，利用这些树叶作伪装，豹子就能完全融入周围的环境，从而不易被外界所发现。据研究，世界上没有两只豹子身上的斑点是完全相同的。不仅如此，不同种类的豹子身上的斑点也不一样。例如，金钱豹的斑点有些类似古代的铜钱；美洲豹的斑点和金钱豹的类似，但中间斑块却多一个黑点；云豹的斑点好像一块块黑色的云朵；雪豹身上的斑点则非常浅，呈现出灰白色。

如何区别花豹与猎豹

有时，人们常常把花豹与猎豹相混淆，其实它们之间是有很大差别的。花豹体型壮硕，头部较大，四只爪子伸缩自如。而猎豹的面颊两侧长有类似眼泪的斑点，前爪与狗爪较像，尽管它捕食凶猛，奔跑迅速，但并没有排进五大野生动物中。

猎豹为什么能疾跑狂奔

猎豹之所以跑得那么快，得益于它们特殊的身体条件。其一，猎豹的身形前高后低，腰身细长，四肢发达，爪子下还长有厚厚的肉垫，很适合疾跑狂奔。其二，猎豹的脊柱非常柔软，在奔跑时可以将身体弹向前方。其三，猎豹的肺活量很大，它们在奔跑的过程中能够得到足够的氧气供应。其四，猎豹长长的尾巴就像一只平稳的舵，能起到平衡的作用，保证它们在快速奔跑时不会跌倒。猎豹虽然跑得很快却难以急转弯，被它们追击的动物如果采取迂回的路线就可以逃之夭夭了。

乖巧的猎豹

猎豹体型似豹，但比其他豹略小；四肢像狗，连特性也有点像狗：坐时蹲着，易驯服且忠于主人。头部小而圆，耳短，有些像猫。其叫声像美洲虎。

为什么猎豹不是豹

在同类物种中，跑得最快的莫过于猎豹了，它奔跑的最快时速可达110千米，与快速行驶的汽车相差无几。猎豹不仅跑得快，而且在奔跑过程中，可以坚持很长的时间，因此被冠为陆地动物界中的“长跑冠军”。这个长跑冠军虽然名字叫“豹”，实际却不是豹。其实，猎豹的外形与豹只是有些相像罢了。那么怎么才能分辨猎豹和豹呢？第一，猎豹身上的底色比豹浅得多，黑斑点是实心的，而豹身上的黑斑点是空心的；第二，猎豹从眼角到嘴角有一条黑色的纵纹，而豹却没有；第三，猎豹身体比豹要瘦长，四条腿也比豹长；第四，猎豹的尾巴上有大量的黑色斑点，靠近尾尖的地方是黑色的环状。有的雄猎豹的颈部还长有长长的毛。

小博士趣闻

猎豹的生活习性

猎豹生活在开阔的热带稀疏草原和半沙漠地带，它喜欢单独或两只、几只在一起生活，主要的食物有黑斑羚、南非羚羊、水羚、角马、鸵鸟等动物。它就是利用自己跑得快、坚持时间长的优点，来扑追所发现的猎物。

为什么说雪豹非常灵敏

雪豹以它漂亮的毛皮赢得了同类动物中最美的“桂冠”，令人羡慕。雪豹不仅长得漂亮，而且动作也很灵敏。雪豹生活在海拔2000～6000米的高山峻岭之间，它喜欢单独或两只两只地在一起活动，和小朋友一样都有固定的家。雪豹的家在岩洞或大石头缝间。雪豹的身上长满了厚厚的绒毛，加上强健的四肢，跳跃起来动作非常敏捷，除了跳高还能跳远，甚至连宽达数十米的山涧也能轻松地一跃而过，像尖顶如平房那么高的山崖，照样能纵身跃上，毫不费力。

雪豹的尾巴有什么作用

与其他相似物种相比，雪豹最为明显的特征，自然要属那条既长又粗的大尾巴了。它浓密蓬松的大尾巴上分布着斑纹，尾尖能绕成圆形花结，坚硬时如同钢鞭怒竖。有的雪豹由于尾巴过于粗大，养成了盘尾的习惯，形成一个卷曲的圆圈。在山地环境攀爬斜坡和快速奔跑的时候，尾巴可以帮助雪豹来保持身体的平衡。另外，在寒冷的环境中，这条尾巴也可以在它睡觉时盖住口鼻保温。同时，雪豹的鼻腔较大，亦是为了使吸入的冷空气变暖。

小博士趣闻

华南豹灭绝的原因

华南豹产于我国的南部、西南部、中南部以及东南亚等地，是我国的一级保护动物，也是非常珍贵的展览动物。华南豹种群数量少，分布比较分散。分布在贵州的几个种群因为没有基因交流，分布地相对孤立等因素使豹的繁衍受到限制，基因逐渐退化，最终导致濒临灭绝的命运。

为什么华南豹又叫金钱豹

动物园中的华南豹就是金钱豹。华南豹的身体比虎小，而且比虎瘦。身长90～110厘米，尾巴长75～80厘米，肩高约70厘米，体重45～70千克。

华南豹的头是圆圆的，吻短、眼睛大，耳朵短圆而且直立着，四条腿比较短，全身的毛色是深黄色的。因为华南豹的头部和背部长有许多的黑圆圈，很像我国古代的铜钱，所以管它叫“金钱豹”。华南豹的脖子下面，胸及四肢的内侧都是白色的，在四条腿的外侧有着黑褐色的斑点，但不是圆圈；尾巴上也是大小不同的黑斑点，尾尖是黑色的。华南豹的适应性很强，它能在丛林、森林、山区、丘陵等多种环境里生活，喜欢在夜间单独活动。

为什么云豹妈妈有时会将小宝宝吃掉

云豹，别名龟纹豹、荷叶豹、樟豹，体形比金猫略大，体重15～20千克，体长约1米，比豹要小。常栖息在山地常绿阔叶林内，毛色与周围环境形成了良好的保护及隐蔽效果，爬树本领高。由于体侧由数个狭长黑斑连接成云块状大斑，所以被称为“云豹”。

云豹栖息在亚洲东南部的热带和亚热带丛林中，经常在树上活动。云豹繁殖幼仔时有个“怪脾气”：必须保证绝对的隐蔽，不得有任何风吹草动，否则它会将小豹吃掉，或自己独自出走，将小豹抛弃不管，可真算得上一个狠心的妈妈了。

云豹和黑熊毛皮的由来

布农族古老的传说中，台湾黑熊和云豹的毛本来都很难看，它们常常为了这件事互相叹气诉苦。有一天，黑熊和云豹特地聚在一起，希望能商量出变漂亮的办法。最后黑熊提议，彼此帮对方用颜料化妆。云豹要求先化妆，老实的黑熊很用心地替云豹涂上了美丽的颜色和花纹，从此云豹便拥有了一身漂亮的皮毛，轮到云豹替黑熊化妆时，云豹怕黑熊比自己漂亮，就起了坏心，决定把黑熊弄得比本来的面目更丑。云豹让黑熊闭上眼睛，然后随地抓起黑色的烂泥，上上下下在黑熊身上乱涂，等黑熊发觉时，除了胸前一块V字形的皮毛外，全身都被涂黑了，黑熊愤怒极了，朝着云豹逃走的方向追去。云豹不管怎么跑都躲不开，只好答应每次打猎后一定留一半猎物给黑熊。

为什么金钱豹要将猎物拖上树

当金钱豹捕到一头大型猎物，一顿吃不完时，为了防止其他动物偷吃，它就会把猎物拖到树上藏起来。金钱豹就像是一台力大无比的“起重机”，一只体重60千克的豹竟然能把体重90千克的猎物轻松地拖到高高的大树上。

小博士趣闻

金钱豹又称豹、银豹子、豹子、文豹。体态似虎，身长1米以上，体重50千克左右。头圆、耳小。全身棕黄而遍布黑褐色金钱花斑，故名。豹的体能极强，视觉和嗅觉灵敏异常，机警，既会游泳，又善于爬树，是食性广泛、胆大凶猛的食肉类动物。

为什么狮子、老虎、豹子总在白天睡觉

每次小朋友去动物园时，都可以尽情地欣赏到许多不同种类的动物那优美的、令人发笑的动作，当然小朋友们总希望能看到一些凶猛的野兽，如狮子、老虎和豹子，尤其想看到它们生龙活虎的样子。不过恰恰相反，小朋友大多看到的是狮、虎、豹在呼呼大睡，唉，太扫兴了。为什么它们总是在白天睡大觉呢？动物管理员告诉他们，狮子、老虎、豹子都属于夜行性动物，一般白天都是在山洞或荒野的密林中休息，只有晚上才出来捕食。尽管它们在动物园里生活了很长时间，但它们白天睡觉、晚上活动的生活习惯并没有改变。所以，小朋友们多数看到的是它们呼呼大睡的模样。

小博士趣闻

谁的耐力最强

三者相比，耐力最强的当属老虎，其次是狮子，豹子最差。曾经有人将狮子和老虎放在一起，起先狮子占上风，但由于耐力不够最后败给老虎。豹子的爆发力最强，但也最容易疲劳，所以只能排在最后。

为什么说美洲豹比狮子、老虎的本领都大

人们常用“谈虎色变”来比喻凶猛的老虎。那么，老虎到底是不是最厉害、本领最大的动物呢？现在，我们先来认识一下美洲豹吧。

美洲豹生活在森林、山区、草原、沼泽及荒漠地带。虽然它看上去像豹，但它与豹属是两个不同的种，美洲豹和老虎一样，喜欢单独生活，但比老虎、狮子的本领大得多。老虎虽然厉害，但不会爬树；狮子虽能爬树，但不会游泳；而美洲豹可就不同了。它既会游泳，也会爬树。美洲豹能在地上飞快地奔跑和灵活地跳跃，追捕羚羊；能在树上追捕猴子；也能在水中捕捉鱼和龟，甚至还能拖着大马过河。正因为美洲豹的各方面都很厉害，所以被称为动物界的“全能运动健将”。因此，美洲的动物都很害怕它。可见，美洲豹比狮子、老虎的本领都大了。

小博士趣闻

美洲豹的形态特征

美洲豹与豹有许多明显的不同之处。美洲豹的头比豹大，脸也宽，身体比豹粗壮，肌肉丰满，四条腿和尾巴都比较短。其中最明显的就是美洲豹身上的花纹和豹的不一样：豹身上的花纹比较小，是一个个黑色圆圈，中间都是空的；美洲豹身上的环纹比较大，在黑色的圆圈中一般都夹杂着一个或几个小黑斑点。

为什么原豹不是豹

提起原豹，自然有不少人会把它归为豹类动物。其实原豹并不是豹，而是一种大型的野猫。原豹也叫金猫或亚洲金猫，过去曾被归入猫属，现在的分类学一般把它归入金猫属。金猫是一种中等体型的猫科动物，体长约90厘米，尾长约50厘米，体重12～16千克。金猫性情像狮子、老虎，它们以小鹿、豚鹿、羊、鼠、兔、鸡、鸭等动物为食，有时还吃鸟类。

金猫的体毛多为棕红或金褐色，也有一些变种为灰色甚至黑色。通常斑点只在下腹部和腿部出现，某些变种在身体其他部分会有浅浅的斑点。在我国有一种带斑点的变种，与豹猫十分相似。金猫颜色变异较大，正常色型是橙黄色，有美丽的暗色花纹。变异色型有红棕色、褐色和黑色。不管怎样变化，脸谱都一样，眼的内上角有一道镶黑边的白纹。

在中国古代的文化典籍中，有一种排在虎豹之间的神秘动物“彪”。评书中的昆仲兄弟常常用“龙虎彪豹”来排名，例如《连环套》中窦尔墩手下的贺氏四杰。虽然虎豹为人们熟悉，但是彪的形象一直让人难以想象。其实这种动物就是生活在亚洲的金猫。金猫最大的特点就是它脸上布满美丽的花纹，把“彪”这个字当作会意字来理解显得非常生动。三撇十分形象地描绘出了金猫的大花脸。

猞猁为什么会遭灭顶之灾

猞猁遭灭顶之灾的原因有两点。一是它的毛皮非常珍贵，其被毛细软丰厚，色调柔和。20世纪80年代末期，猞猁皮黑市售价竟高达每张2000元之巨，巨额非法经济利益使猞猁种群遭受了空前的灾难。目前，在野外很难见到猞猁。二是因为它们耳朵上的那撮丛毛。在中世纪以后的黑暗年代里，猞猁被当作害兽被欧洲人广泛捕杀。那时候除了认为它们威胁家畜以外，人类还认为它们是魔鬼的象征。于是陷阱、下毒等全派上了用场。而它们为了躲避人类捕杀，不得不倾巢躲藏到更高的山和更深的密林中。

猞猁如何自卫

猞猁的性情狡猾而又谨慎，遇到危险时会迅速逃到树上躲蔽起来，有时还会躺倒在地，假装死去，从而躲过敌害。在自然界中，虎、豹、雪豹、熊等大型猛兽都是猞猁的天敌，如果遭遇到狼群，会被狼群紧紧追赶，进而包围以至丧命，一般都难以逃脱。

小博士趣闻

为什么河马的皮肤会流“红汗”

当初，我们国家的动物园在引进河马时虚惊一场。人们发现在运输河马的过程中，河马身体表面流血了。据专家们解释，那不是血，而是河马排出来的红色汗液。现在，鲜红似血的汗成了河马的重要标志。河马为什么会出红汗呢？科学家研究表明：从河马汗中分离出红色和橘红色两种色素，通过X线衍射图研究这两种色素的结构，得知这些色素原来是河马体内的有机酸代谢的产物。他们把其中红色色素命名为“河马酸”。这两种色素的吸光波长正好介于200～600纳米之间，这正是一般紫外线及可见光的范围，证明河马出的红汗的确有防晒的功能。这些分离出来的色素极不稳定，在河马身上却能维持数小时，才由鲜红的汗聚合成褐色的块状物。他们推测，这可能是河马随着排汗而分泌的黏液维持了色素的稳定。研究人员还发现，河马汗中的红色色素能抑制绿脓杆菌和克雷伯氏肺炎杆菌的生长。这对河马来说很重要，因为雄河马常为竞争生存领地而打斗，经常伤痕累累，如果没有红汗的保护，感染的几率就会大大增加。

为什么河马不会游泳并不是什么缺点

河马一生中的大部分时间都是在水中度过的，而实际上它们却不会游泳。河流往往是它们感到最安全最自在的地方。尽管它们呼吸空气，但在水下显得更加轻松自如。它们能一次屏住呼吸长达6分钟。它们的脚上长着指甲，但这不是蹄形足，而是部分呈蹼状。因为不会游泳，河马不喜欢涉足过深的水域，它们喜欢让自己的脚踏实地踩在河底。但是不会游泳并不是个缺点，实际上河马在水下反而显得体态轻盈，在水流中迈着太空步行走，要比游泳容易得多了。

小博士趣闻

为什么河马总喜欢泡在水里

河马是食草动物，它生活在热带的非洲，气候炎热。正是因为它适应这种炎热的生活环境才被自然所保留了下来。它们的适应方式就是泡在水里，从而减少热浪的袭击，逐渐养成了习性。河马喜欢泡在水里的另一个原因，则是河马虽然身体粗壮，样子十分唬人，但它没有对付敌害的武器，无论是体重高达数千公斤的大型河马，还是体重仅二三百斤的小型河马，它们都缺乏对付敌害的本领。在生存过程中，猛兽时常在白天出没，河马便呆在危险很小的水里休息，等到夜幕降临、敌害减少时，它才爬上岸来吃草，到天亮又回到河中。从河马觅食的时间和行为来分析，河马泡水的习性，是天敌和严酷的气候“逼”出来的。

河马为什么不怕鳄鱼

河马看起来笨重而憨厚，实际上它们在岸上的奔跑速度远比人要快。在非洲，河马是野生动物中杀人最多的物种（比鳄鱼还要多）。河马极具攻击性，特别是当它们正要从岸上回到水里的时候，如果有其他生物挡在中间，河马会狂怒地冲向障碍。河马的犬齿十分尖利，力气也很大，成年河马可以一口咬断鳄鱼！

为什么会有小鸟时常停留在犀牛的背上

犀牛的皮肤虽然坚厚，皮肤皱褶之间却又嫩又薄，一些体外寄生虫和吸血的蚊虫便趁虚而入，从这些特殊部位将自己的口器刺进去，吸食犀牛的血液。犀牛又痒又痛，可除了往自己身上涂泥能多少防御一点这些昆虫叮咬外，再没有别的好办法来赶走、消灭这些讨厌的害虫。而犀牛鸟正是捕虫的好手，它们成群地落在犀牛背上，不断地啄食着那些企图吸食犀牛血的害虫。犀牛舒服了，自然很欢迎这些会飞的小伙伴们来帮忙。除了帮助犀牛驱虫外，犀牛鸟对犀牛还有一种特别的贡献。犀牛虽然嗅觉和听觉很灵，可视觉非常不好，是近视眼。若是有敌人逆风悄悄地前来偷袭，则很难察觉到。这时候，它忠实的朋友犀牛鸟就会飞上飞下，叫个不停，提醒它危险即将来临，要及时采取防范措施了。

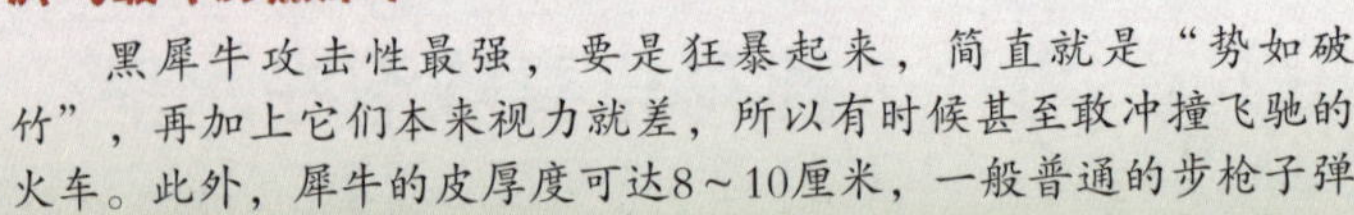

小博士趣闻

脾气最坏的黑犀牛

黑犀牛攻击性最强，要是狂暴起来，简直就是“势如破竹”，再加上它们本来视力就差，所以有时候甚至敢冲撞飞驰的火车。此外，犀牛的皮厚度可达8～10厘米，一般普通的步枪子弹都打不穿。

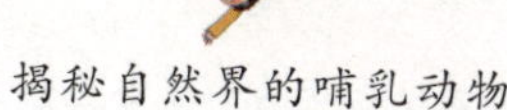

为什么说犀牛的角是它们最有力的武器

犀牛的角是它们最有力的武器。当遇到敌人来袭时，强有力的角可以帮助它们赶跑敌人。犀牛的角是直接从皮肤里面长出来的，质地坚硬，并且巨大，最长的可以达到1.6米。

角的尖端十分锋利，就像一把尖刀。犀牛一旦被激怒，就会低下头，竭尽全力地向前猛冲，即使是一头大象，也会被它们刺穿肚皮。不过，因为其种类的不同，犀牛角的数量也不相同。非洲的黑犀牛、白犀牛以及亚洲的苏门答腊犀牛都有两只角，其余的犀牛都只有一只角。

犀牛灭绝的原因

犀牛共有5种，即印度犀、白犀、爪哇犀、苏门答腊犀和黑犀。它们体型庞大，听觉和嗅觉都很灵敏，但是视力很差。现存的5种犀牛都面临着灭绝的危险。尤其是黑犀，其消失的速度比其他任何哺乳动物都要快。人们为了获得犀牛角而捕杀犀牛是它们灭绝的主要原因。

为什么犀牛爱在身上涂泥浆

犀牛的皮肤松弛，上面布满褶皱，而热带地区生活着很多吸血昆虫，它们专爱钻到犀牛的褶皱里叮咬。

为了防止这些吸血昆虫的蜇咬，犀牛就会往身上涂抹泥浆，从而使它们无从下口。

另外，由于犀牛的皮肤上没有可以对皮肤起保护作用的毛，所以长时间的太阳照射会使它们的皮肤受到伤害。因此，它们就将自己的全身涂满泥浆，这样，一来可以降温，二来也可以避免太阳的直接照射，从而保护皮肤不受伤害。

小博士趣闻

体型最小、体毛最多的犀牛

双角犀生活在坡地森林中，它们在那里摄食嫩枝、树叶和水果。它们长有两只角，前角长至90厘米。双角犀是世界上最小的犀牛，也是毛最多的犀牛，身上覆盖着粗糙且又短又硬的毛发。

为什么牦牛的全身会长出这么长的毛

牦牛的毛主要是用来御寒的，因为牦牛生活的地方一般都是在−40℃～−30℃的温度。即使在夏季，白天温度也就10℃左右，而晚上大都在零度以下。牦牛长这么长的毛一是用来抵御风雨，二是用来爬冰卧雪。

牦牛的毛不仅长，而且体毛大都富有弹性，弯弯曲曲，因而很好地起到了保温作用。这些长毛就像人们在雨天穿的蓑衣一样，不但不怕下雪，即使瓢泼大雨也不怕，在大雨天气里，牦牛也一样可以悠闲地吃草。入冬的时候牦牛的长毛之间会长出一层细细的绒毛，这是用来抵御冬天的寒冷的。当春天到来时，这层绒毛又会一丛丛地脱落下来，以便在夏天起到更好的散热作用。正是依靠这种办法，完全在露天环境中生活的牦牛，才能抵抗冬季的严寒，从而成为青藏高原及其周边地区高寒草原的特有牛种。

小博士趣闻

牦牛为什么能抗缺氧

人在高原上走路都会觉得累，而牦牛常常以小跑的步式前进，步态十分轻松，需要时也可以长时间快速地奔跑。牦牛之所以能够在缺氧的环境中生活得悠然自得，还因为它们的呼吸频率、脉搏频率以及血液中红细胞和血红蛋白含量会随着海拔的升高而加快或增多，这样血液中的氧含量也跟着增高了，所以在缺氧的条件下，它们照样行动自如。

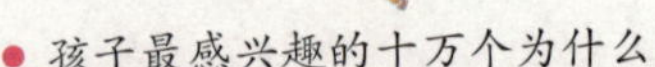

为什么角马要大迁徙

角马生活在热带草原，而热带草原终年高温。对于热带地区的降水量，7～9月相对较多，1～4月和11～12月相对较少。热带草原气候分为明显的干季和湿季，湿季时，风调雨顺，植物繁茂，干季时，缺水少雨，植物一片枯黄，因此，热带草原有涝灾和旱灾的威胁。野生动物只有奔跑能力强才能在干季时迁徙到热带雨林边缘水草肥美的地方继续生存，湿季时再迁徙回来。因此，热带草原上的动物有着随着水草迁徙的特征。

角马怎么知道哪里有好草场呢

角马的鼻子特别灵敏，不仅能闻到狮子、猎豹等天敌的气味，而且能够嗅出远方雨水的气息，因为哪里雨水充沛，哪里的草就长得格外茂盛。角马在自身独有的特性上显示出极强的耐受力。

为什么驼鹿只能适应寒冷的气候

驼鹿是世界上最大的鹿科动物，体长210～230厘米，高约177厘米，成年雄鹿体重可达300千克。是驼鹿属下的唯一种。以雄性的掌形鹿角为特征。驼鹿具有双层的隔热体毛，长长的腿适于在雪中跋涉，即使是新生的幼仔在零下30℃的严寒中生活也很快乐。温暖的气候会给它们带来更多的麻烦，因为它们不能出汗，发酵的植物使它们的胃变成了一个熔炉。在冬天，如果温度在零下5℃以上它们就会气喘吁吁，只好靠平卧在雪地上来降温。由于同样的原因，在夏天它们会花很多时间在水中跋涉。

驼鹿的名称由来

驼鹿的头又长又大，但眼睛较小，成年雄鹿的角多呈掌状分支。喉下皆生有一颌囊，雄性颌囊通常较雌性发达。鼻部隆厚，上唇肥大，肩峰高出，体形似驼，所以名为驼鹿。

为什么驼鹿很难被圈养

与其他大多数鹿类（只要能吃到嫩枝或嫩草就会很高兴）不同，驼鹿具有特殊的食性。一只成年雄性驼鹿每天需要吃相当于一大捆麦秆的植物，并且像牛一样进行反刍，从而最大程度地获取其中的营养。在秋天和冬天，为了获取足够的能量它们会吃树叶、树皮和树枝。在春天和初夏为了获取钠的物质，它们也会吃沼泽植物。驼鹿商业性的饲养很难维持它们的营养平衡，因此圈养的驼鹿很快就会死掉。

为什么驼鹿会长时间呆在水里

小博士趣闻

水生植物如百合和木贼等，含有丰富的钠元素，驼鹿为了吃到水底的这些植物，有时会把自己完全淹没在水中。

麝牛怎样保护自己

麝牛是一种有组织的群居性动物，在遇到天敌时，不像野牛那样惊惶逃窜，而是形成一种特殊的防御圈，十几头公牛、母牛冲上高地，肩并肩把牛犊围在中间保护起来，脸朝外，低下头，面对敌人虎视眈眈。它们的主要天敌是北极狼和北极熊。面对三四百千克的庞大身躯和坚硬的牛角（麝牛不论雌雄都长角），北极狼和北极熊往往无计可施，有时愤怒的麝牛会冲出防御圈主动发起进攻。

小博士趣闻

冰川纪残留下来的古老生物

麝牛在地球上已生存了60万年，是冰川纪残留下来的古老生物，与之同时的猛犸象、柱牙象等庞然大物都由于气候的变迁或早期人类的捕杀而灭绝了。

为什么麝牛的食量很小

麝牛保持能量的效率极高。在平常情况下，麝牛看起来格外地温顺，停下来吃一点食物，接着平躺在地上细嚼慢咽，不一会儿便打起瞌睡来。等稍微清醒时，接着再向前走一段，然后故伎重演，吃食物，反刍，打瞌睡。其实，麝牛的这种生活方式是有一定的目的：既减少了体内能量的消耗，又降低了对食物的需求量。夏季，麝牛主要以新鲜野草为食，从小溪、池塘、河流中饮水。冬季，麝牛仅吃少量雪，为消耗热量才将雪融化成水，这样不仅可以满足身体需要，而且可以减少能量的流失。所以它所需的食物仅占同样大小的牛的1/6。

麝牛名称的由来

麝牛是一种生活在加拿大北部、格陵兰和美国阿拉斯加的大型极地动物。雄麝牛在发情时会散发出一种类似麝香的气味，故名。实际上它们没有麝香腺，香味是从眼眶中的腺体发出的。它们虽然长得像美洲野牛，实际上并不是“牛”，亲缘关系更接近羊。它们的身体极好地适应了极地的生活。

疣猪为什么浑身涂满泥巴

疣猪是世界上唯一能够在数月没有水的情况下依旧存活的猪，它们还能在高温环境下生活，也许它们的体内能够贮存水分，就像沙漠骆驼和羚羊一样吧。疣猪日间觅食，吃青草、苔草及块茎植物，偶而也会吃一些腐烂的肉。雄疣猪的上獠牙很大且很长，并向上及向外急弯。短而尖的下獠牙可当刀用。成年疣猪体色会有些许不同。它们喜欢洗泥巴澡，也会像犀牛那样浑身涂满泥巴。关于这个习惯，无外乎可以起到消暑降温和消灭身上的寄生虫两个作用。有时，你也会发现它们和黄犀鸟生活在一起，让黄犀鸟啄食身上的寄生虫。

世界上最丑的十种动物

疣猪、枯叶龟、蛇蜻蜓、安康鱼、俄罗斯小麦蚜虫、Almiqui（古巴动物，嘴如同猪嘴）、大头土耳其秃鹰、夏威夷灰白蝙蝠、美洲家鸭以及蜘蛛，并列为世界上最丑的十种动物。成年疣猪的面貌更为狰狞，雄疣猪的上獠牙又长又大又弯，据说连剽悍的猎豹碰上这对利刃，也是非死即伤。

为什么野马比大熊猫还要珍贵

野马原产于中国准噶尔盆地和蒙古干旱荒漠草原地带，具有6000多年的进化史，是目前地球上唯一存活的野生马，至今保留着马的原始基因，具有别的物种无可比拟的生物学意义。因此，野马比大熊猫还要珍贵。由于数量稀少，西方一些动物学家早就宣布世界上不再存在野马。但是，130年前，当俄国探险家普尔于1876年率探险队进入新疆阿尔泰山南麓可可托海周边区域时，竟然在那里的“库卡沙依”小村买到一批特殊的马皮，同时发现一群群雄壮野马不时在戈壁滩上飞驰而过！野马“复现人世”的消息顿时轰动了全球动物学界。中国野马于是有了一个外国名字——普氏野马。

美洲野牛的野生天敌有哪些

美洲野牛的野生天敌主要是灰狼和响尾蛇。尤其是幼龄的美洲野牛，在冬季会受到狼群的攻击，而响尾蛇会咬伤牛的脚踝，这种伤害对于小牛有时是致命的。很多人以为美洲狮会伤害美洲野牛，实际情况是，北美平原上的美洲狮几乎绝迹，现有的美洲狮多分布在山地，而那儿是没有野牛的。

小博士趣闻

非洲草原上最可怕的军队——美洲野牛群

美洲野牛狂野残暴，生性剽悍，曾被猎杀，濒临灭绝，在1905年美国立法保护后重得繁衍。主要分布在北美洲北部。周身被长毛，性情温和，喜群居。野牛从来都不是好惹的。成年非洲野牛体型庞大，身长可达3.4米，体重达到900千克。因为特殊的牛脾气，它从未像其他牛族成员一样被驯化。集体冲锋的牛群是非洲草原上最可怕的军队，它们的冲击时速可以达到50千米以上，庞大的身躯和坚硬的双角会让任何对手胆寒，曾经有捕杀过小牛犊的狮群被整个野牛群报复的案例。

为什么牛的嘴巴总是爱嚼个不停

牛的胃部结构和其他动物的胃部结构有很大的不同。一般的动物只有一个胃，而牛却有四个胃，分别是瘤胃、蜂巢胃、重瓣胃和皱胃。牛在吃草的时候，草在它们的嘴里未经咀嚼就直接进入了瘤胃，瘤胃里没有消化腺，草料在这里被浸软后再进入蜂巢胃，在蜂巢胃待一段时间又返回口中继续咀嚼，嚼碎之后进入重瓣胃和皱胃，草在那里被充分地消化。牛吃完草后还嚼个不停，就是将储存在瘤胃里的草料返回口中重新咀嚼。这种行为被称为反刍，牛和羊都是典型的反刍动物。

小博士趣闻

牛科动物

在牛科动物中，一般将牛属、水牛属、倭水牛属、非洲野牛属和野牛属的动物通称为牛族，大约有16种。

驴拉磨时为何要蒙上眼睛

驴拉磨时之所以要蒙上眼睛有两点原因：其一，根据动物大脑的结构关系，当一直处在转动状态的时候，很容易对方向产生错觉，也就是我们经常所谓的“晕”。但是，如果把眼睛遮盖起来，因为看不到周围景物的变化，大脑就不会产生这种错觉，身体可以保持自然平衡。所以，一般毛驴在拉磨的时候要把它们的眼睛蒙上，防止它转晕。其二，防止它偷吃东西。

小博士趣闻

西藏野驴

西藏野驴其特征主要是以下几个方面：体形稍大；体色较深，夏季呈赤棕色；背部和腹部之间的毛色界线非常明显，而且位置较低，位于腹侧的下部；肩后侧面有典型的白色楔形斑，自腹部向上延伸，前腹角呈弧形；肩部至尾巴的基部有一条更宽、更明显的黑褐色纵线条，因此被当地的牧民称为“镶有黑边的‘野马’”。

为什么驴喜欢在地上打滚

驴子在干完活后，总是喜欢舒舒服服地在地上打几个滚儿，然后才开始吃东西、喝水。这是为什么呢？原来，驴子在地上打滚儿是它们独有的一种洗澡方式！驴子的皮毛里经常会有一些寄生虫，而且由于长期工作，它们的皮肤上有许多由汗渍和污渍凝结成的硬皮，这些都会令驴子很不舒服。驴子用力打滚儿的时候，不但可以滚掉皮毛里的寄生虫，而且还可以借助皮肤与地面的摩擦来解痒。另外，驴子很耐劳，擅长爬山路。所以为了解除疲劳、恢复体力，驴子会在地上打几个滚儿，使四肢都能舒展开来。

驴与马属的共同特征

马科、驴属。体型比马和斑马都小，但与马属有不少共同特征：第三趾发达，有蹄，其余各趾都已退化。驴的形象似马，多为灰褐色，不威武雄壮，它的头大耳长，胸部稍窄，四肢瘦弱，躯干较短，因而体高和身长大体相等，呈正方型。颈项皮薄，蹄小坚实，体质健壮，抵抗能力很强。驴很结实，耐粗放，不易生病，并有性情温驯、刻苦耐劳、听从使役等优点。

为什么狼喜欢在夜间嚎叫

野狼嚎叫，其主要目的是在呼唤伙伴、交换信息或是把其他族群从自己的领地上赶走。狼是群居动物，每当它们出来觅食的时候，就会一边走一边发出低沉的嚎叫来招呼同伴。另外，在繁殖期，狼也会发出嚎叫来寻找配偶。而小狼在饥饿的时候则会用尖细的嚎叫来呼唤母亲。群狼的叫声也会对其他的动物起到威慑作用，特别是那些小动物，一听到狼的叫声就会落荒而逃。

狼群领袖

每个狼群都有一个具有统治力的公狼作为领袖，这只狼称为头狼。头狼必须有足够的能力来维持狼群成员的次序，也需领导捕猎活动。作为领袖，自然有特权，那就是头狼总是能优先享用猎物。狼群的其他成员包括头狼的配偶，它的幼崽，以及头狼的兄弟姐妹。每当狼群成员遇见头狼时，它们会使用身体语言向头狼表示尊敬，具体动作是俯下身子，让自己的身体低于首领，并露出腹部，耷拉下耳朵，垂下尾巴。大概意思是说："你是我们的头！"

为什么狼的眼睛夜间会发光

在狼的瞳孔底部有一层薄膜，上面布满了特殊的晶点，这些晶点有很强的反射光线的能力。当狼夜里出来的时候，它们眼睛里的这些晶点就可以把周围非常微弱、分散的光线收拢并聚合在一起，然后集中将它们反射出去。这样，黑夜里看起来就好像在放光一样。平时狼的眼睛是黄褐色的，但到了夜晚，由于反射的光线不同，它们的眼睛也就呈现出不同的颜色，有的是绿色的，有的则是蓝色的。

狼真的会怕狗吗

狼并不是怕狗，狼听到狗叫就躲避起来其实是因为狼的行事是比较秘密的，它们一旦发觉自己被发现了，骨子里有一种自动隐避起来的习性。其实一只狼和一只狗对战，很多狗是咬不过狼的，经过特殊训练的猎狗也许能咬得过狼。因为狼经常在野外和野兽搏斗，不管是群攻也好，单挑也罢，狼在不断的搏斗中有了斗敌经验，而狗这样的经验则比较少，所以很多狗是咬不过狼的。

为什么黑背胡狼是地狱和死亡之神

黑背胡狼又叫黑背豺，主要分布于非洲东部和南部的沙漠地带，是足智多谋的猎食者。它个头较小，长相似狗，行动敏捷，在7种食肉兽中虽是最弱者，但凭它的足智多谋，常常可以智胜所有竞争者而获得丰盛的美餐。它生活在苏丹、肯尼亚、坦桑尼亚等国境内的东非大平原上。它喜欢栖居在洞穴中，一般被认为是食腐动物，是一些一边围绕着坟场不停地嚎叫，一边挖掘死尸吃的动物，因此在当地被人们尊为“地狱和死亡之神”而贡献祭品。事实上，动物死尸虽然是黑背豺的一个重要的食物来源，但在它们食物中的比例并不大。

小博士趣闻

“一夫一妻”制的家庭生活

黑背胡狼的家庭为“一夫一妻”制，雄兽和雌兽结成伴侣后将厮守一生，这在哺乳动物中是不多见的。在当年出生的黑背胡狼幼体中，有1/3将留在母亲的身边，并与母亲一起度过下一年的繁殖季节。因此经常会形成由3～5只黑背胡狼组成的群体，其中的非繁殖个体便充当帮手，帮助生育的双亲保护和抚育幼小的黑背胡狼。

为什么鬣狗被称为“草原清道夫”

鬣狗的外形和狗极为相似，它的奔跑速度非常快，是非洲草原最成功的猎食者。捕获猎物后，它们会吞掉动物尸体的每一部分，连骨头也不剩下，所以被称为“草原清道夫”。鬣狗有着极强的消化功能，可以将骨骼中的有机物质和一些坚硬的组织消化掉，而别的动物是做不到这一点的。鬣狗科分四个品种：斑鬣狗、棕鬣狗、缟鬣狗和土狼。

与狮子抗衡的肉食动物

斑鬣狗在一起时，好像一群嬉戏的孩子，吵吵嚷嚷，异常热闹。它们用耳朵、尾巴互相传递信息，不停地用叫声互相联系。它们有时高声咆哮，有时爽朗地大笑，有时低声地哼哼，有时吃吃地低笑，声音可传到几千米外。夜深人静时，斑鬣狗发出一种尖厉、阴森的叫声，比狮吼更令人毛骨悚然，是非洲唯一能与狮子抗衡的肉食动物。

为什么称斑鬣狗群为母系社会

斑鬣狗通常过着群体生活，一个群体多达上百只，最少的也有数十只，每群的首领是一只体格健壮的雌性斑鬣狗。斑鬣狗的“社会组织”等级森严，觅食时“母首领”总能得到一块最大、部位最好的肉食，而且这是理所当然的。因此，有人称斑鬣狗群是“母系社会”。

每个斑鬣狗群都有自己的巢穴。洞口野草丛生，洞内四通八达。每群斑鬣狗都有自己的势力范围，一般为20平方千米左右。它们严守着自己的势力范围，不容别的斑鬣狗群侵犯。如有越界现象发生，就会两群对峙，甚至发生冲突，但这种武斗并不多。斑鬣狗在群体生活的前提下，有相当大的自由，经常独来独往，单独狩猎，自己吃食。群体成员往往不是长时间在一起。一旦它们重逢，又理所当然地以集体一员的身份行事，以此体现它们的社会合群性。

为什么刺猬会长硬刺

刺猬浑身长满坚硬的长刺，这是它们在长期的进化过程中发展起来的保护自己的武器。在弱肉强食的自然界，为了能够生存下去，许多动物都有保护自己的方式，而刺猬的刺就是在这种残酷的环境中慢慢进化生成的。当遇到危险的时侯，刺猬就会依靠皮肤下面特有的皮肌收缩，使这些硬刺像钢针一样直竖起来，然后赶紧把头和短小的尾巴蜷缩在柔软的怀里，成为一个刺球。许多凶猛的食肉动物在面对这个刺球时，也都难以下嘴，刺猬因此保护了自己。

针刺是毛发的变异，非常尖，摸上去不大舒服。一只成年的刺猬身上大约5000根刺，随着刺猬的成长，它们背上的刺不断增多，以保持一定的密度，所以一只特大的刺猬身上可达7000～8000根刺。

为什么刺猬会怕狐狸

当刺猬把身体蜷起来时，它们那一身尖利的刺甲令许多凶猛的动物望而却步。可是，当刺猬遇到狐狸的时候，这身武器就不管用了。原来刺猬的刺都长在背部，腹部却十分柔软，而狐狸的尖嘴正好可以插进刺猬蜷缩的腹部。当它们把嘴插进去后，再将刺猬抛到空中，而当刺猬摔下来时，它们的身体就会舒展开来，狐狸便趁机咬住它们的腹部，从而饱餐一顿。因此，如果不小心遇到狐狸，刺猬的末日也就到了。

刺猬为什么要冬眠

刺猬是异温动物，因为它们不能稳定地调节自己的体温，使其保持在同一水平，所以，刺猬在冬天时有冬眠现象。而枯枝和落叶堆是刺猬最喜欢的冬眠场所。它们用小树枝和杂草来营造冬眠的巢穴。有时它们的巢穴有50厘米的隔层。它们也能在木制楼梯下或其他人造场所睡眠。在巢穴中冬眠时，其体温会下降到6℃。呼吸1～10次/分钟。冬眠的刺猬会偶尔醒来，但不吃东西，很快又入睡了。冬眠的刺猬如果过早地醒来会被饿死的。

为什么黄鼠狼放屁特别臭

黄鼠狼是食肉目鼬科的动物，身材不大，却作恶多端，时常做些鸡鸣狗盗之事，并且很难被人发现，而且黄鼠狼的护身高招就是放臭屁。它们在一筹莫展、穷途末路时，就会从肛门放出一股臭气，趁对方胆怯的空隙，赶紧逃之夭夭。放臭屁正是它们重要的护身法宝。 这种臭气是由肛门两侧的臭腺形成的，危难时从肛门喷出。具有臭腺是鼬科动物的一个特点。鼬科喷出的这种气体，含有一种叫丁硫醇的物质成分。一只臭鼬鼠每天大约可产生1毫升丁硫醇，存储于肛门腺，一旦需要，鼬鼠前脚倒立，眼睛瞄准，肛门冲着对方将臭气喷射出去，可以喷到4米左右的地方，可见力量之大。

黄鼠狼与蛇之战

蛇在山林里横冲直闯，神气得很，但是一遇到黄鼠狼，它就得“退避三舍”，甚至“望风而逃”了。可是黄鼠狼往往穷追不舍，是舍不得可口的蛇肉。于是一场有趣的搏斗就要发生了：蛇扬起头，两眼紧紧盯着黄鼠狼，摆开了架势。黄鼠狼呢？并不急于发动进攻，它先绕蛇行走一圈，在周围撒上一泡尿，“画地为牢”。因为蛇最怕黄鼠狼的尿，这一下，蛇被围困在中间，无法逃窜了。接着，黄鼠狼跳进圈子里，凭借其机灵与敏捷，或进或退，或左或右，对蛇发动闪电般的袭击。蛇的动作较慢，左防右守，被弄得晕头转向。不一会儿，黄鼠狼就咬住了蛇的七寸。蛇使出了最厉害的一招：左缠右绕。黄鼠狼自有办法对付，它鼓起肚皮，等蛇缠定之后，把身子一缩，就钻出来了。这样几个回合之后，蛇终于毙命。随即，黄鼠狼会叫个不停，盛情邀请同伴来分享美味。它们按着“人数”把蛇分成若干分，然后，各自叼着分得的蛇肉，飘然入林，悠闲自在地享用。

为什么狐獴天生就佩戴一副太阳镜

狐獴的尾巴长细并尖尖延伸到端点，尾巴的末端都为黑色，直立时狐獴会用尾巴支撑来保持平衡。它们的脸型也是尖尖的，延伸到鼻子，鼻子是棕色的。狐獴的眼睛周围有着黑色块，这些构造的作用跟太阳眼镜相同，让它们在艳阳普照下仍能看清事物，甚至是直视太阳，这对狐獴帮助很大，因为空中的掠食者通常是在刺眼的阳光下飞行以避免被察觉。

狐獴是如何吸收热量的

狐獴的身体下部没有花色，在腹部只有稀疏覆体的毛，并露出底下的黑色皮肤，当它们用后脚站立时，狐獴利用腹部这块黑色区域来吸收太阳的热量，这通常是它们在寒冷的沙漠夜晚之后清晨做的第一件事——暖和自己的身体。

为什么说臭鼬爱放屁

臭鼬放臭屁其实是它们保护自己的一种特殊方式。在臭鼬的尾巴旁边有一个腺体，能够分泌一种极臭的液体。这种液体刺激性非常强，被它击中眼睛，可以导致短时间的失明；喷到鼻孔里，就会引起麻痹。如果这种臭液不小心沾到动物身上，便很长时间都不会消散。当遇到敌人时，臭鼬就会翘起尾巴，喷出臭液。敌人闻到这种臭气，马上就会涕泪交流，丧失追捕的勇气。因此，绝大部分掠食者除非饥饿难忍，否则它们是不会去招惹臭鼬的。

小博士趣闻

臭鼬的天敌

臭鼬不是一般的动物惹得起的，因为它能喷出很臭的液体，这种液体如果弄在皮肤上会起水泡，弄在衣服上，洗都洗不掉，还会延续几个星期，很难闻。如果射进眼睛里会造成失明。所以当它高高地抬起臀部时，所有的动物都会吓一跳，只有猫头鹰不在乎它的化学武器。那种猫头鹰才算得上是臭鼬真正的天敌。

臭鼬是如何繁殖的

交配季节一雄多雌，2～3月交尾，妊娠期63天。每胎2～10仔，5～6仔居多。巢穴一般在岩石下，通常情况下，用干燥的草茎和杂草叶铺垫，基本上是年轻的母亲筑巢，母鼬单独哺育幼仔，初生仔兽与母兽一起度过冬天，直到它们长大。成年雄鼬在夏季时一般都是独栖，冬季则往往一只雄鼬和数只雌鼬共同居住在同一洞中。

为什么獾住的洞穴特别干净

如果在野外发现了獾的洞穴，留心观察，你会发现獾的洞穴总是非常干净，而且十分光洁，绝无杂物、粪便。原来，獾是一种非常讲“卫生”的动物。它不仅在入洞前会把足部擦干净，而且在睡前、醒后，还要到水里洗一洗。每天如此，真可谓是“卫生模范”。獾有冬眠的习性。每年春天冬眠醒来，第一件事就是忙着整理洞穴，铺上些新的青苔或干叶，把洞穴收拾得非常整洁。獾绝不在自己居住的洞穴里大小便，它有自己专用的便所。便所往往设在洞口附近，而且不止一个。由于獾的洞穴比较宽敞，洞口和穴道又较多，一些懒于自己打洞的动物，就借居在洞口附近的“外间”。狡猾的狐狸对獾的居住条件垂涎已久，它故意钻进獾洞里到处拉屎、撒尿，并把恶臭涂满洞口。好洁成癖的獾再也无法忍受，只好放弃旧巢，另筑新居，狐狸便乘虚而入来霸占它们的巢所。

为什么狗獾的家洞口很多

狗獾的家很特别，它的洞穴被称为獾洞，每个獾洞都有许多洞口，最多的能有200多个。獾洞一般在树林里，洞口通常都有从洞里挖掘出来的泥土和草。这么多的洞口是怎样挖掘成的呢?原来獾洞都是一代代传下来的，较长的有100多年的历史，是几代狗獾共同努力的结果。

母狗獾的爱

一位老人正在用锄头使劲地凿着狗獾洞。一下、两下……突然，老人停下了手中的锄头，站在那里一动不动了，愣愣地望着洞的深处。站在洞旁的孩子感到奇怪，跑过去一看，啊，在洞的深处有个窝，窝里铺着一层厚厚的灰色狗獾毛。有一只大狗獾，再看看它的肚子下，有四只小狗獾正“咂、咂”地吮着奶，母狗獾面对眼前的一切，一双眼睛充满了恐惧感，它本能地咧开嘴，露出锋利的牙齿……似乎一场人兽大战即将开始了。可是那四只还没睁眼的小崽子死死地咬住奶头不松嘴。它们拼命地吮吸着，白色的乳汁从它们的嘴里溢出来……

孩子看呆了，脸上露出欣喜的表情，这时的山林里好寂静，小狗獾吮奶的“咂咂”声响透了孩子的心间，甚至整个山林。

这时孩子转过身折来一把一把的树枝，轻轻覆盖在狗獾洞口的周围。透过树枝的小小细缝，老人和孩子看见，母狗獾那惊恐绝望的眼神忽然变得那么温和、安详。

为什么人们称袋獾为“塔斯马尼亚的恶魔”

因为袋獾长得很丑，生性凶恶又贪得无厌。不但吃各种小鸟、小兽和蜥蜴类动物，还有别的动物的尸体，甚至潜入村庄，掠食各种家禽、家畜。它的叫声凄厉，行动迅速敏捷，神出鬼没。所以当地的人们就把它们称作“塔斯马尼亚的恶魔”。

袋獾是袋獾属中唯一未灭绝的成员，身形与一只小狗差不多，但它的肌肉发达，十分壮硕。其主要特征有：黑色的皮毛，遭遇攻击时会发出刺耳的叫声，同时放出很强的臭味。除狩猎外，袋獾也进食腐肉。它们通常单独行动，但有时也与其他袋獾一起进食。

袋獾于600年前在澳洲大陆绝迹，而在袋狼于1936年灭绝后，袋獾成为现存最大的食肉有袋动物。由于袋獾曾对塔斯马尼亚岛居民饲养的家畜造成威胁，因此当地政府也曾允许居民猎取袋獾。直至1941年袋獾被正式公告为保护类动物，居民的狩猎行为这才停止。

为什么蜜獾和导蜜鸟是最佳搭档

蜜獾和导蜜鸟是一对好帮手。蜜獾平时最喜欢吃蜂蜜。它牙齿锋利，前爪粗硬有力，适于挖土、爬树，专捣碎蜂巢。它皮肤坚硬厚实，上面布满了长而蓬松的粗毛，不怕野蜂蜇。导蜜鸟平时也总是忙于寻找野蜂巢，不过它感兴趣的不是蜂蜜，而是组成蜂房的蜂蜡。但要让它把蜂巢弄破，就显得力不从心了，所以只好找蜜獾当帮手。

野蜂常常把巢筑在高高的树上，蜜獾不易找到。所以当目光敏锐的导蜜鸟一旦发现树上有蜂巢时，便马上去寻找蜜獾。为了引起蜜獾的注意，导蜜鸟往往扇动着翅膀，身体作出特殊的动作，并发出引人注意的“嗒嗒”声。当蜜獾得到信号后，便匆匆赶来，爬上树去。导蜜鸟则在一旁等待蜜獾把蜂巢咬碎，赶走蜜蜂，把蜂蜜吃掉。当蜜獾美餐一顿离去后，下面就轮到导蜜鸟独自享受蜂房里的蜂蜡了。

小博士趣闻

蜜獾可称为杂食性动物

蜜獾体长16～30厘米，肩高一般为25～30厘米，背部为灰色，它的皮毛松弛而且非常粗糙，不怕蜂蜇蛇咬，浅居在各种类型地带——雨林、开阔的草原以至于水边，在黄昏和夜晚活动，常单独或成对出来，白天在地洞中休息。蜜獾可称为杂食性动物，各种食物都吃，包括小的哺乳动物以及鸟、爬虫、蚂蚁、腐肉、野果、浆果、坚果等，甚至连眼镜蛇和蒙巴蛇一类的毒蛇也吃。

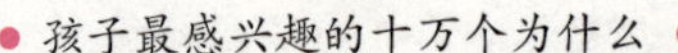

为什么树懒行动这么慢

树懒是一种古老的动物。它们终身倒悬在树枝上，无论是睡觉、休息、摄食，还是产仔，甚至死后仍挂在树上。树懒不能行走，只能爬行，它们很少主动下地，通常只是在排泄时才下到地面上来，但次数很少，每月只有一两次，因此树懒在人类世界里声誉不怎么样。树懒真的是特别懒惰吗？现在让我们举一个例子就知道了。假如有一天你在一个陌生的城市开车迷路了，汽车里程表的数字不断攀升，你只想快点找到路标来调整方向。然而，油箱指示灯闪烁不停，也许你会因为不知道最近的加油站在哪里而开始惊慌。这时要最大限度地利用好每一滴油才是最佳的方法，而最好的省油办法就是稳速驾驶，少踩油门。树懒通常一天行进不超过38米。如此一来，树懒的缓慢行动可是为自己保存了很多的能量呢！

树懒的主要敌人是美洲虎（jaguars）和角雕，角雕这种恐怖的掠食者可以无声无息地直接将树懒抓起。

小博士趣闻

水獭是水陆两栖动物，它的大小同哈巴狗差不多。水獭的身体细长，超过半米，很像一只圆筒，头部短宽而前端略为平扁，四肢粗壮，脚趾之间张有皮蹼，是适于划水的特备装置，肌肉强大有力的尾巴犹如能校正航向的舵梢，可以起到控制方向的作用。

为什么水獭不怕冷

水獭行踪诡秘，喜欢栖居在陡峭的岸边、河岸浅滩，以及水草少、附近林木繁茂的河湖溪沼之中，过着隐蔽的穴居生活。水獭的水性很好，不但能快速灵活地游泳，还能通过小圆瓣的作用使鼻孔和耳朵紧闭起来，不动声色地贴身水面之下，做长距离潜泳，据说可以一口气潜游6～8分钟，然后将鼻孔伸出水面换气。它是水中的矫健猎手，凡被水獭一眼瞅见的鱼、蛙、虾都难以逃脱厄运。水獭不怕冷的主要原因是由于水獭生有柔软而隔热的下层绒毛，并且受到外层长毛发的保护。外层毛发能够“捕获”空气形成一个保温层，让它们在水下活动时得以保持身体的干燥和温暖。

小博士趣闻

河狸的自卫能力很弱，胆小，喜欢安静的环境，一遇惊吓和危险即跳入水中，并用尾巴用力地拍打水面，以警告同类。

为什么河狸要筑坝

河狸是过着水陆两栖生活的哺乳动物，它的后脚有蹼，尾部扁平而宽阔，能够在水里自由游泳。它有一个独特的本领，能够在河边用树枝、石子和淤泥修一个堤坝，然后在堤内造巢。修坝时，河狸用锐利的门牙将树干咬断，事先选择好方向，让树枝倒向河里，然后利用水流把树枝运到围堤的地方，把粗树枝垂直地插进土里，当作木桩，再用细的树枝、石子、淤泥堆成堤坝，最长的堤坝有180米长、6米宽、3米高。堤坝把河水堵住，使坝内变成浅滩，然后在沿岸的地方筑巢。巢设计得很巧妙，有两个出口，一个通地面，另一个由一条隧道通往水下，以便自己在水下或陆上都能自由自在地生活，还可躲避陆地上食肉兽类的袭击。

为什么白兔的眼睛是红色的

白兔是属于皮毛几乎不含色素的品种，所以它的皮毛是白色的。那么，白兔的眼睛为什么是红色的，不是白色的呢？其实，兔子眼睛的颜色与它们的皮毛颜色有关系，黑兔子的眼睛是黑色的，灰兔子的眼睛是灰色的，白兔子的眼睛是透明的。那为什么我们看到小白兔的眼睛是红色的呢？这是因为白兔眼睛里的血丝（毛细血管）反射了外界光线，透明的眼睛就显出红色。

小博士趣闻

野兔一般栖息在地面上，靠绝对快的速度来摆脱敌人的追捕；而其他兔子大多栖息在地下，主要靠躲藏来回避自己的敌人。

小博士趣闻

惊人的繁殖能力

在繁殖季节，一只雌兔每个月能生下20个幼崽，6个月以后，这些小幼崽又可以生孩子了。如果一只兔子能够平安地繁殖3年，则它的后代总数将会超过3300万只。

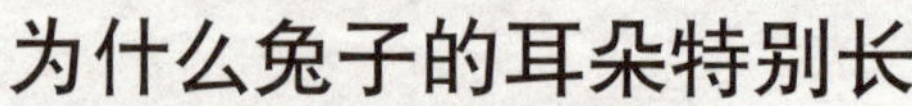

为什么兔子的耳朵特别长

兔子是弱小的动物，为了躲避敌人的捕杀，它的耳朵需要有灵敏的听力。它必须经常竖起耳朵，注意倾听四面八方的情况。久而久之，兔子的耳朵就变得特别长了。当声音从远处传来时，兔子的大耳朵会把声波收集起来，传给耳孔里的鼓膜。正因为兔子的耳朵有灵敏的听力，所以它总能在敌人捉它之前跑掉。

为什么会有“守株待兔”的寓言故事

野兔的眼睛很大，长在头的两侧，为其提供了大范围的视野，可以同时前视、后视、侧视和上视，真可谓眼观六路。但唯一的缺陷是眼睛间的距离太大，要靠左右移动面部才能看清物体，在快速奔跑时，往往来不及转动面部，所以常常撞墙、撞树，“守株待兔”的寓言故事也就取材于此。

会变色的雪兔

雪兔生活在寒冷地区，周围常常是一片冰雪世界，为了能够隐蔽一些，躲避天敌，雪兔的毛色总是随着季节的变换而改变。夏季变为棕色的，冬季除了耳朵尖上是黑色的外，通身雪白。

为什么金仓鼠食量如此大

仓鼠是一种活泼伶俐的小动物，深受人们的喜爱。可令人奇怪的是，小巧玲珑的仓鼠吃起东西来却是风卷残云，果仁、谷粒全被它们塞进嘴里。可它们为什么能吃那么多食物呢？其实，这些食物并没有被小仓鼠吃进肚子，而是藏在了它们的“储藏室”里。原来，在仓鼠两边的脸颊上都生有一个颊囊，就像两个小口袋，小仓鼠吃进的东西全被存进了颊囊里。等到安静的时候，小仓鼠就会用前爪把这些食物从颊囊里挤出来，然后再慢慢品尝。有趣的是，当遇到危险时，仓鼠妈妈还会将小仓鼠藏到颊囊里。

仓鼠饲养环境

最适宜温度20℃～28℃，避免阳光直射或直接被大风吹到的地方，但要注意通风透气。不要离电视、音响、电脑太近，仓鼠可听到人类听不到的声音，应避免辐射和嘈杂。

夏季：最好不开空调，因为你外出时关空调，进屋又开空调会使屋内温差过大，仓鼠对温度很敏感，容易感冒。

冬季：不要放在室外，仓鼠会因为太冷而冬眠。多铺木屑等垫材，为仓鼠配置木制或草制小屋用于保暖，或多给一些餐巾纸让仓鼠自己做窝。最简单的方法是把笼子整个放进纸箱或塑料箱内，但要注意透气。

为什么老鼠喜欢磨牙

老鼠喜欢不停地磨牙，这主要和它们的牙齿结构有很大的关系。形成老鼠牙齿的主要物质是坚硬的齿质，每颗牙齿的齿质中都有一个空腔，称为齿髓腔。刚长出来的牙齿的齿髓腔下面是开放的，一旦牙齿完全生成，齿髓腔的下端就会闭合，牙齿也就停止了生长。可是，老鼠门齿的齿髓腔下端是终生不封闭的，也就是说它们的门齿能终身生长，不会停止。如果是这样，门齿就会长出嘴外，老鼠就没有办法吃东西了。所以，为了抑制门齿的生长，老鼠就养成了经常磨牙的习惯。

被神化的老鼠

几年前，在奥地利的一个教堂里，人们在壁画上发现了一个酷似老鼠的动物画面，其形象与“米老鼠”惊人地相像。据说，这幅壁画已有700多年的历史了。这说明，人类不仅很早就把老鼠人性化了，而且还把老鼠神化了。美国迪斯尼乐园中的“米老鼠”形象是不是来自此地？一时成为人们的一个疑问。

为什么鼹鼠喜欢过暗无天日的日子

鼹鼠的眼睛被毛给遮住了，所以从前人们还以为它是瞎子呢，其实鼹鼠是能看见东西的，只不过视力很差罢了。鼹鼠成年后，眼睛深陷在皮肤下面，视力完全退化，再加上经常不见天日，很不习惯阳光照射，一旦长时间接触阳光，中枢神经就会混乱，各器官失调，以至死亡。

星鼻鼹鼠名称的由来

星鼻鼹鼠生活在光线昏暗的地下，因此视力不佳。在它的鼻尖上长有22只触手，环绕着鼻尖，就像星星的光芒一样，因此得名。星鼻鼹鼠用这些触角来探测周围地面并且寻找食物。根据科学家的研究，星鼻鼹鼠通过触手找到猎物的能力比其他鼹鼠单靠视觉捕食的能力要强数倍，这种动物的感知系统非常灵敏，甚至它能探察到8毫秒内动物的移动状况。

为什么称土拨鼠是“睡鼠”

土拨鼠又称旱獭，栖息于山区平原的开阔地区，居于地穴或山麓陡坡上的巨砾间。旱獭非常爱睡觉，一年之中有9个月的时间在睡眠，因此称它们为“睡鼠”是再恰当不过的。

威尔顿城土拨鼠节

在加拿大的安大略，流传着一个古老的传说：每年的2月，当土拨鼠从冬眠中苏醒后看到自己的影子，那就预示着冬天即将过去，还有6个星期春天就要来临。1956年2月2日早晨8点，在安大略威尔顿城的郊外，当地的一个叫威利的农民偶然发现许多冬眠的土拨鼠都从洞穴中探出了头，威利根据传说进行了观察，发现了土拨鼠的影子，果然，当年的春天过了6个星期才到。这个消息很快传遍了全城。从1960年起，每年2月2日的8点，来自全球通讯社的记者都会聚集威尔顿等待土拨鼠的天气预报，而威尔顿城的商会借机筹办了一个欢庆活动，并把2月2日定为土拨鼠节。

为什么人们很少能见到睡鼠

人们极少见到睡鼠，其最重要的原因就是它们每天大多数的时间都是在睡觉。还记得小说《仙境中的爱丽思》中茶会上的那只整日里昏昏欲睡的睡鼠么？在深秋、冬季以及春季大部分的时间里，睡鼠都处于冬眠的状态。即使不是在冬眠的季节里，它们也是终日呼呼大睡。一只睡鼠的寿命是5年，但在其中3/4的时间里，它们都在睡觉。夏日的夜间，睡鼠会到处活动。但当进入秋天以后，它们就会在地上用树叶、杂草营造一个窝。它们常常把窝隐蔽在盘根错节的树根之间或灌木丛里。在那里，睡鼠会花掉一年中的大部分时间来睡眠，睡姿常常是将全身卷成一个小圆球。

特殊本领

睡鼠尽管嗜睡，却有一套奇特的逃遁本领。如果它的尾巴被捉住，它就很快将外层皮肤蜕去，使敌人只得到一点皮毛，自己则逃之夭夭。

巢鼠的巢在哪里

巢鼠是世界上体形最小的鼠类之一，体长只有5～7厘米，体重也只有几克。正是因为具有如此娇小的体态，巢鼠才能方便地把家安在植物的茎叶上，便于隐蔽。据观察，河岸、麦田、牧场等地，只要长有禾本科植物的地方，就有巢鼠的踪迹。巢鼠做巢的时候，首先用小小的四肢把杂草、芦苇的叶子或农作物的细茎架到一起，做成一个小球状，然后在里面垫上干草，外面还会用叶子做好伪装。这样，这个由植物的茎叶做成的巢就会随着季节的改变而变换不同的颜色，因而也就具有了自然的保护色，很难被敌人发现。不过，到了冬季，巢鼠就会将巢废弃，来到草垛或是地下挖洞，直到第二年的春天再在植物的茎叶上另建新巢。

小博士趣闻

巢鼠与家鼠的区别

巢鼠的个头比小家鼠更小，外形与小家鼠相似，与小家鼠最主要的区别是上颌门齿后方无缺刻，臀部周围毛色比背部毛色更为鲜艳。耳壳具三角形耳瓣，能将耳孔关闭。

针鼹是如何防御敌人的

针鼹的外貌像刺猬，但这些刺并没有牢牢地长在身上，当它们遇到侵害时，这些有倒钩的刺就会像箭一样飞速射向敌害。针鼹身上短小而锋利的刺是它的护身符。在御敌时，针鼹还有两个绝招。一个是受到惊吓时，它会像刺猬那样，迅速地把身体蜷缩成球形，使敌人看到的只是一只没头没脑的“刺毛团”，很难下手。一个是它的四肢短而有力，有五趾或三趾，趾尖是锐利的钩爪，能快速挖土，然后将身体埋入地下，或者钩住树根，或者落入岩石缝中，使对方无法吃掉它。 当遇到敌害时，针鼹会蜷缩成球或钻进松散的泥土中迅速消失，针鼹能以惊人的速度掘土为穴，将自身埋在土中。针鼹身上的针刺十分锐利，且长有倒钩。一旦遇到敌害，针鼹就会背对敌人，它的针刺能脱离针鼹的身体，刺入来犯者的体内。一段时间以后，脱落处又会长出新的针刺。

最原始的哺乳动物之一

针鼹是原始的哺乳动物之一，生活在澳大利亚各地，寒冷时会冬眠。据估计，它们已存在了8000万年左右；还是现存仅有的两种单孔目动物之一，另一种是鸭嘴兽。

针鼹是如何捕食的

针鼹虽然眼睛很小，视力欠佳，但是能敏锐地察觉土壤中轻微的震动。它主要以白蚁和蚂蚁为食，有时也吃其他昆虫和蠕虫等小型无脊椎动物。它的嘴巴坚实而呈长管状，上下颌都不生牙齿，舌头长达30厘米以上，灵活而且有倒钩，可以伸出口外很远。平时，针鼹居住在洞穴里，下午和傍晚外出活动，常把坚硬、尖长的嘴插入蚁穴，然后伸出细长而充满黏液的舌头，在蚁穴内取食白蚁和蚂蚁。它除了用舌上黏液黏取食物外，还常用舌上的小钩来钩捕食物。因为没有牙齿，针鼹的食物仅仅限于那些能够用舌头钩捕到的食物。

长寿动物针鼹

在哺乳动物中，针鼹可以算是一种长寿动物。记录表明，一只针鼹在伦敦动物园生活了30年零8个月，而在柏林动物园有活到36岁的记录。美国费城动物园的一只针鼹，从1903年活到1953年，共49年零9个月，而且还不知道送到动物园时它的年龄已有多大。由此推断，针鼹的寿命可能超过50年。

松鼠如何采松籽

说起采松籽，这可是松鼠的拿手好戏，无论树木多高，球果长在何处，松鼠都能口到食来。具体过程是：它先将成熟的球果咬断落地，再从树上下来，像灵长类动物那样，用前足扒开球果鳞片，咬碎种皮，取出种子，以松仁为食。有趣的是，松鼠受到惊吓时也不轻易放下食物，而是叼着球果逃跑。

为什么松鼠要长一个大尾巴

松鼠最显著的特征之一就是长着一条毛茸茸的大尾巴，这条大尾巴不只是好看，还有许多用途呢！当松鼠在树上跳跃或是走动时，这条大尾巴可以充当它们的“舵”，使它们即使在空中也能保持身体平衡。松鼠还可以通过调整尾巴的朝向来改变前进的方向，这样小松鼠就能够在树枝间自由地跳跃了。不仅如此，如果松鼠遇到危险或是不小心从树上掉下来，这条大尾巴还可以充当“降落伞”，从而使小松鼠顺利地逃离或落地。而到了晚上或是寒冷的冬天，松鼠便会把整个身子蜷缩在尾巴里，这时这条大尾巴又变成了一床又松又软的被子。另外，动物学家研究发现，松鼠还可以通过尾巴的摆动来交流信息，传递情报呢！

小博士趣闻

灵长类

猴子属于哺乳动物中的一个类群，称为灵长类。灵长类还包括猿、狐猴、树懒猴等。

为什么猴子爱给同伴抓虱子

我们经常可以看到猴子们坐在一起，翻弄着彼此的皮毛，从里面抓起什么东西放入自己的嘴里。其实，它们这么做并不像我们认为的那样——给对方捉虱子，而是在寻找同伴身上的盐粒。猴子非常好动，每天都要出很多汗，当它们身上的汗水挥发后，剩下的盐分就会和身上的污垢混合在一起形成盐粒。当猴子们觉得身体中的盐分不足时，就会拾取同伴身上的盐粒来吃。而且，这些盐粒粘在身体上也很不舒服。可见，它们这样做不仅可以补充体内的盐分，还可以清洁身体，真是一举两得。

小博士趣闻

大猩猩很凶吗

大猩猩是灵长类动物中体形最大的一种，站起来近2米高。它们面孔丑陋，力气巨大，叫声非常吓人，被称为森林里的“金刚”。但实际上，大猩猩性情温和。它们是典型的素食主义者，大部分时间都待在森林里闲逛、嚼东西或是睡觉。只有遇到敌人或是某些陌生的东西令它们感到害怕时，大猩猩才会大声地吼叫，吓唬敌人。

为什么大猩猩会捶打胸脯

大猩猩经常会用双拳捶打自己的胸脯，好像在大发脾气，样子看起来非常吓人。其实，它们这样做并不是在生气，而是在向对手显示自己的力量，是一种示威性的动作。大猩猩一般都过着群居的生活，它们的首领通常都是成年的雄性大猩猩，负责全族的警戒与安全。当两个不同家族的大猩猩相遇时，双方的首领都会猛烈地捶打胸脯，并发出惊人的吼声。不过，它们这么做只是为了吓唬对方，并不是真的想打架。

为什么吼猴的叫声很洪亮

吼猴非常善于吼叫，它们发出的吼声，在1500米以外都能听得清清楚楚。而吼猴之所以叫声如雷，是因为它们的喉咙里有一块特殊的舌骨。这块舌骨非常大，能够形成一种特殊的回音装置，发出震撼四野的声音。每当吼猴需要联络伙伴、传递信息的时候，它们就会发出巨大的吼声。而且，由于传递的信息不同，它们的吼声也各不相同，时短时长。另外，如果有侵袭来临或是异族进入自己的领地，吼猴也会发出巨大的叫声，恐吓敌人，达到自卫目的。

小博士趣闻

吼猴的吼叫一般发生在什么时候

至今说法不一。一种说法是它们在激动的时候才吼叫；另一种说法是每到夜晚，它们就会开这种震耳欲聋的“音乐会”；还有一种说法是发生在旭日东升的时候。

为什么环尾狐猴常常竖起尾巴

环尾狐猴最引人瞩目的特征是长着一条高高翘起的尾巴，上面还有非常醒目的黑白相间的环状花纹。原来，它们利用高举着的尾巴，彼此联络，互相威胁。另外，争斗的雄环尾狐猴还用其上肢臭腺分泌的臭液弄污自己的尾巴，然后把尾巴举到背部上方炫耀地挥舞着，以一种挑衅的方式向对方飘送臭气。

崇拜太阳的动物

环尾狐猴非常喜欢晒太阳，每天当太阳升到一定高度的时候，环尾狐猴就摊开四肢，正面朝着太阳，使温暖的太阳洒满胸部、腹部、两臂和大腿，以驱赶夜里的寒气，因此当地土著居民称它们为“崇拜太阳的动物”，这一习性形成的原因可能是日照有助于食物消化以及生理发育。

为什么说长臂猿是“空中杂技演员”

长臂猿虽然体形很小，但前肢特别长，两臂伸开时可以达到1.5米，站立起来时，两手几乎可以触到地面。两条灵活的长臂和钩形的长手，使它们穿越树林如履平地。行动的时候，长臂猿还能用单臂把自己的身体悬挂在树枝上，双腿蜷曲，来回摇摆，像荡秋千一样荡越前进。它们一次腾空移动的距离可以达到3米，每次可以连续荡越8～9米。另外，雌长臂猿还可以带着刚出生不久的幼仔一起在森林的上空飞速行进。它们的动作灵活、自然，如同飞鸟一般，真不愧“空中杂技演员”的美称。

长臂猿

长臂猿，国家一级保护动物，是猿类中最细小的一种，也是行动最快捷灵活的一种，与猩猩、大猩猩、黑猩猩并称“四大猿”。

小博士趣闻

小博士趣闻

蜘蛛猴的名称由来

蜘蛛猴属悬猴科，主要种类有夜猴、吼猴、卷尾猴和蜘蛛猴等。因为它们的身体和四肢都是细长，在树上活动时，远远望去就像一只巨大的蜘蛛，故得此名。

为什么蜘蛛猴有第五只“手”

蜘蛛猴生活在南美洲热带森林里。它身材细小，四肢和尾巴却很长，行动十分敏捷、灵活。蜘蛛猴的尾巴细长，一般有80厘米左右，比它的四肢还要长。尾巴尖端约20厘米是光秃秃的，没有毛，表面有一条褶皱，主要起到增加磨擦力的作用。蜘蛛猴在树上休息的时候，总是把尾巴牢牢地缠绕在树枝上，然后倒挂着睡觉，即使睡熟了，尾巴也不松开。这根尾巴既有平衡身体的作用，又有抓曳食物、悬吊躯体的功能。

猩猩会制作工具吗

黑猩猩是与人类最为相似的动物，它们在生理、高级神经活动和亲缘关系上都与人类十分接近。黑猩猩非常聪明，例如，感到口渴时，它们会先将树叶嚼碎，然后将这些树叶放进水里，等树叶吸足水分后再吮吸这些树叶来解渴。而捉白蚁时，它们会用一根修饰整齐的小棍或草茎插入白蚁的洞内，把白蚁引出来再吃掉。一些经过训练的黑猩猩不但可以掌握某些技术、手语，而且还能用电脑学习词汇呢！

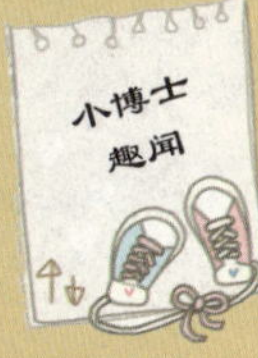

大猩猩的进化演变

据猩猩分子学研究表明，猩猩是在1400万年前从祖先那里分化出的，它的祖先也是非洲猿类和人类的祖先。与中新世后期（距今1200万年～900万年）的南亚西瓦古猿非常相似，人们普遍认为它们是现存猩猩的祖先。体型巨大的更新世（100万年前）猩猩出现在中南半岛，而体型比现代猿类大30%的亚化石猩猩（4万年前）出现在苏门答腊岛和婆罗洲的岩洞里。更新世时期，爪哇也生活着比现存猩猩体型小的猩猩。早期的猩猩有可能更适应地栖生活，但是现存猩猩的树栖生活方式证明了它们很长一段历史时期都生活在森林的顶篷。

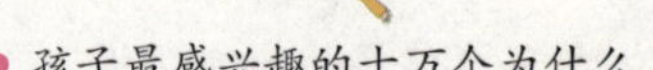

小博士趣闻

为什么金丝猴一年要搬两次“家”

金丝猴是一种树栖动物，偶尔也下到地面上活动，它栖息的地方都是在海拔1500～3300米的高山处。在一年四季的生活中，它们要搬“家”两次，来适应外界温度的变化。因为它们对外界温度的变化要比一般猴子敏感。猴子对热和冷的感受器是成点状分布在皮肤上的，其神经末梢又终止在皮肤上那些冷感受区内，所以猴子根据气温变化会作出相应的反应。在金丝猴皮肤上的那些冷热感受区内，冷热感受点的分布要比一般猴子密集，所以它们对气温的变化就显得特别敏感。动物学家在实地考察金丝猴的生活时也证实：每年四、五月间，气温稍转暖，它们就会向海拔3000米处迁移，以度过炎热的盛夏；八、九月间，它们又会向海拔1500米处搬迁。

为什么猴子会模仿人的动作

动物园里的猴子非常淘气、可爱，它们经常模仿人的动作，逗人发笑。那么猴子为什么能模仿人的动作呢？原来，从分类上说，猴子和人类是近亲，都属于灵长目类。科学研究发现，猴子大脑的进化程度和人类的大脑比较接近，所以，它们的思维能力和记忆力也都很强，这就使得它们能学着人的样子做出各种复杂的动作。并且，猴子的后肢比它们的前肢要长，能够像人那样直立行走。此外，它们的拇指较长，能够灵活地抓、握东西。这些都有助于它们模仿人的动作。

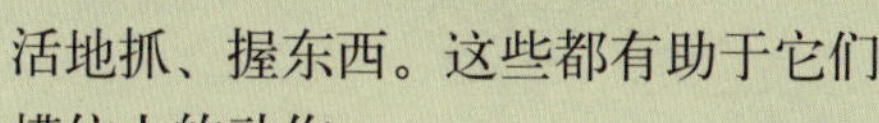

猴子的屁股为什么是红色的

猴子的屁股天生就是红色的，这种红色的硬皮叫做“臀疣”。猴子小时候，屁股的红色较淡，当它们长大后，屁股会越来越红。但当猴子变老时，屁股颜色又会变淡。所以，通过猴子屁股上红色的深浅可以分辨出它们年龄的大小。

蜂猴是如何保护自己的

蜂猴白天生活在树洞或树枝间，将身体蜷缩成圆球，一睡就是一天。到了晚上，它开始在树枝上慢腾腾地爬行，遇到可吃的东西，就随便吃上一点。也许为了减少活动量，它吃得很慢、很少，为了不动嘴，几天不吃也是常事，即使有敌害袭來，它也只是慢条斯理地抬头看上一眼，就不理不睬了。因此，它又得了一个雅号——懒猴。蜂猴动作虽慢，却也有保护自己的绝招。由于它一天到晚很少活动，地衣或藻类植物得以不断吸收它身上散发出来的水气和碳酸气，竟在它身上繁殖、生长，把它严严实实地包裹起来。使它有了和生活环境色彩一致的保护衣，很难被敌害发现。因此，它又被称为“拟猴”，意思就是它可以模拟绿色植物，从而躲避天敌伤害。

小博士趣闻

蜂猴属于国家一级保护动物

蜂猴生活在海拔1000米以下的亚洲东部雨林区。在中国，小部分的蜂猴生活在广西和云南的森林中。蜂猴行动缓慢，所以很容易被捕捉到。主要吃昆虫、鸟蛋、熟睡的哺乳动物和蛇。它们生存的威胁包括森林砍伐，被当作野味，而其他身体器官被用制传统药材。

疣猴如何捍卫自己的领地

当别的疣猴侵入自己的领地时，双方就会面面相对，咂舌摇尾，但不动手打架。受到侵犯的疣猴则上下跳动，同时发出吼声，有时会连续地吼叫达20分钟之久。它们的吼叫声很响亮，一般能传出1.5千米远。雄疣猴爬到树木的高处，然后往下跳，从一棵树的树枝跳到另一棵树的树枝上去。以这种方式向对方示威和炫耀，最终有一群疣猴会退走，由带头的雄疣猴断后。

小博士趣闻

疣猴名称的由来

疣猴身上的毛色多种多样，长得也十分滑稽可笑。它们的臀疣很小，尾巴很长，尾巴端部常有一撮毛，有的还成球状，颊囊也比一般猴子小，拇指已退化成一个小疣，故称疣猴。疣猴的胃很大且复杂，内分成数瓣，以从营养不丰富的树叶里吸取养分。

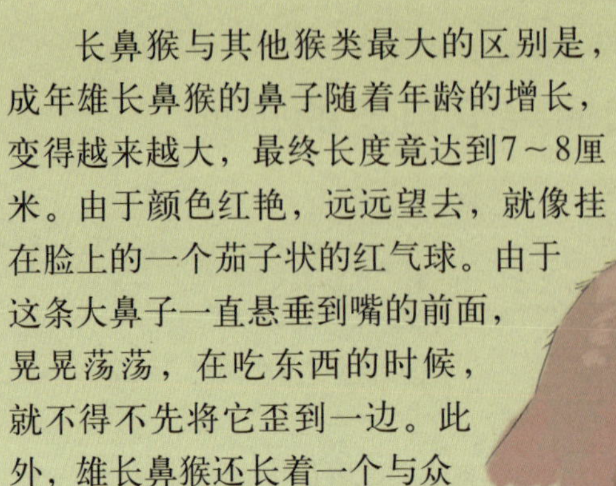

长鼻猴与其他猴类最大的区别是，成年雄长鼻猴的鼻子随着年龄的增长，变得越来越大，最终长度竟达到7～8厘米。由于颜色红艳，远远望去，就像挂在脸上的一个茄子状的红气球。由于这条大鼻子一直悬垂到嘴的前面，晃晃荡荡，在吃东西的时候，就不得不先将它歪到一边。此外，雄长鼻猴还长着一个与众不同的、胀鼓鼓的大肚皮。

长鼻猴与其他猴类最大的区别是什么

为什么长鼻猴比其他灵长类动物的食量大得多

长鼻猴的大肚子中有着一个很大的、袋状的胃，在解剖和生理上都与反刍动物的胃十分相似，在胃中生存着可以发酵食物的多种微生物，使长鼻猴能够消化含有大量纤维素的植物叶子，因此它所吃的植物种类要比其他灵长类动物更多。此外，生长在它胃中的微生物还能分解某些毒素，万一吃到有毒的食物，在被吸收进入血液以前就会被微生物分解而失效。

为什么要给马钉铁掌

如果我们细心观察，就会发现马的脚上都穿着“铁鞋子”——铁掌。那么，为什么要给马钉铁掌呢？原来，这是为了保护马的蹄子不受伤害。马的蹄子上只有一个脚趾，其余的脚趾都已经退化了。在它们仅有的这个脚趾上，却长有类似人指甲的蹄甲，蹄甲和脚趾紧紧地连在一起，这样有助于马在奔跑时用力。但是，由于经常接触地面，和地面产生摩擦，久而久之，马的蹄甲就会受到磨损，并影响奔跑的速度，甚至会使整个蹄子受伤。所以，人们就在马的蹄子上钉上了铁掌。

小博士趣闻

人类的亲密伙伴

马是大型的四蹄动物，现在的饲养和繁殖主要是为人类所用。世界上仅有的一种野马是栖息在中亚的普氏野马。

马为什么站着睡觉

马站着睡觉是继承了它们的祖先——野马的生活习性，这是在自然界残酷的生存竞争中养成的习惯。在远古时代，野马生活在一望无际的沙漠草原地区，它们既是人类狩猎的对象，又是豺、狼等一些猛兽的美味。但是，野马的战斗力非常弱，唯一的办法就是靠奔跑来躲避袭击。所以，为了躲避这些威胁，并迅速及时地逃避危害，野马便养成了站着睡觉的习惯。久而久之，这种习惯被家马沿袭了下来。

正确识别马耳朵所流露出的情绪

小朋友都知道马的耳朵和其他动物的耳朵一样，是用来听各种声音的，其实它还有一个特殊的作用，用来表示各种不同的表情。马在心情舒畅的时候，耳朵是垂直竖起来的；心情不好时，耳朵前后摇动。在紧张的时候，它的耳朵是向两旁竖立的。马感到疲劳的时候，耳朵倒向前方或两侧。当马恐惧的时候，它的耳朵就不停地摇动，而且鼻子还会发出一阵阵响声。

斑马的条纹是为了好看吗

斑马身上的条纹仅仅是出于好看吗？当然不是了。其实，斑马身上的条纹是它们同类之间相互识别的主要标记，更是它们天然的伪装，可以保护它们不被敌人发现。在开阔的草原和沙漠地带，斑马身上黑褐色与白色相间的条纹，在阳光或月光的照射下，可以起到模糊其形体轮廓的作用，从而使侵袭者很难将它们与周围的环境区分开。人类正是从斑马的斑纹中得到启发，将这种条纹保护色的原理应用到作战方面，在战斗设备甚至身体上涂上与周围环境相似的条纹，以此来模糊敌人的视线，达到隐蔽的效果。

小博士趣闻

团体防御法

在斑马群体中，往往那些阅历丰富的雌斑马会担任这个群体的领袖。在遇到危险时，老斑马会命令大家屁股朝外，围成一个圆圈，猛踢后腿，成功地将敌人击退。

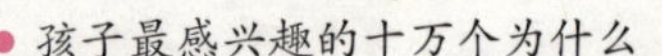

为什么称斑马为“水利专家”

在所有动物中，斑马寻找水源的本领最高，它们会自己挖井找水。它们靠着本能，找到干涸的河床中可能有水的地方，然后用蹄子挖土，有时甚至可以挖出深达1米的水井。当然，这些水井也使别的动物受到很大的惠利。

斑马群体的发展壮大

在非洲大陆，生长着一种可怕的昆虫——舌蝇。动物一旦被舌蝇叮咬，就有可能被染上“昏睡病”，继而发烧、疼痛、神经紊乱，直至死亡。科学家研究发现，舌蝇的视觉很特别，它一般只会被大块的面积一致的颜色所吸引，而对于一身黑白相间条纹的斑马来说，往往视而不见。在动物进化过程中，斑马成功地躲掉了昏睡病的困扰，使群体不断地发展壮大起来。

为什么斑马爱和长颈鹿生活在一起

斑马生活在广阔的大草原上，那里有很多猛兽都是它们的天敌，斑马的作战能力及自我保护能力又很弱，而长颈鹿因为长有长长的脖子，能看到很远的地方，所以当有敌人来袭时，它们往往能在第一时间发现并采取行动。斑马只要紧跟着长颈鹿，就能及时发现敌人。因此，斑马就和长颈鹿形影不离了。另外，由于斑马也是食草动物，并且性情很温和，所以它们和长颈鹿一起生活时也不会发生冲突。

小博士趣闻

为什么斑马不能骑

在19世纪的南非，有人试图驯养斑马。而怪人沃尔特·罗特希尔德勋爵曾坐着斑马拉的马车在伦敦街上驶过。不过，斑马长大后相当难对付，而且斑马咬人后有不松口的习惯。因此在美国动物园被斑马咬伤的饲养员甚至比被老虎咬伤的还要多。斑马不能用套索去套，因为斑马有一种万无一失的本领，在看着绳圈向它飞来时把头一低就躲开了。

为什么猪爱拱地

猪有个最大的爱好就是爱躺到又脏又臭的脏水中洗澡，并且时不时地用嘴巴拱泥土。为什么猪青睐这个看似极不卫生的习惯呢？

原来猪的祖先就是野猪，它们生活在大森林里。在那时，它们只能靠自己来寻觅食物。为了能找到爱吃的食物，野猪经常用鼻子将泥土拱开，找出那些埋藏在泥土深处的好食物，然后美美地饱餐一顿。如今，饲养的家猪再也不用如此辛苦地寻找食物，但是，它们爱拱泥土的坏习惯一直被沿袭了下来。

猪真的又笨又蠢吗

平时，猪给人的感觉总是又笨又蠢的。其实这只是一个表象，猪不但不笨，还非常聪明。科学家曾经对猪和狗进行过拉车、开门等测试，他们比较后发现，猪只要看人示范两三次就学会了，而狗往往要重复十几次才能学会。猪的嗅觉也非常灵敏，经过训练，它们甚至可以帮助人们寻找到埋在地下的地雷。

营养价值

小博士趣闻

羊是人们熟悉的家畜之一，其饲养在我国已有5000余年的历史。羊全身是宝，其毛皮可制成多种毛织品和皮革制品。在医疗保健方面，羊更能发挥其独特的作用。羊肉、羊血、羊骨、羊肝、羊奶、羊胆等可用于多种疾病的治疗，具有较高的药用价值。

关中奶山羊为什么是乳用山羊的代表

关中奶山羊为乳用山羊的代表，因产于陕西省关中地区，故名。关中奶山羊其体质结实，结构匀称，遗传性能稳定。头长额宽，鼻直嘴齐，眼大耳长。关中奶山羊以产奶为主，产奶性能稳定，产奶量高，奶质优良，营养价值较高。一般泌乳期为7～9个月，年产奶450～600千克，单位产奶量比牛高5倍。鲜奶中含乳脂3.6%、蛋白质3.5%、乳糖4.3%、总干物质11.6%。羊奶中干物质、脂肪、热能、维生素C、尼克酸的含量均高于牛奶，不仅营养丰富，而且脂肪球小，酪蛋白结构与人奶相似，酸值低，比牛奶易为人体吸收。是婴幼儿、老人、病人的营养佳品，是特殊工种、兵种的保健食品。

狗为什么很忠诚

狗对主人的忠诚，从情感基础上看，有两个来源：一是对母亲的依恋信赖；二是对群体领袖的忠诚服从。这就是说，狗对主人的忠诚，其实是狗对母亲或群体领袖忠诚的一种转移。从血统角度看，现代家狗可分为两类：胡狼血统与狼种血统。胡狼血统狗之忠诚，主要与第一个情感来源相联系，即主要出于对母亲的依恋信赖；这种母亲，可以是任何一个对它表示友善的人。狼种血统狗之忠诚，主要与第二个情感来源相联系，也就是主要出于对狗之群体领袖的忠敬服从；这种领袖，对狗来说，一生只有一个。这样，忠诚对这两种不同血统的狗而言，也就有了不同的含义。

为什么狗在夏天常常会伸出舌头

人和其他所有哺乳动物的体温在常态下都是恒定的，如果某种原因（天热或是劳累）导致体温升高，就需要通过降温器官来散发体内多余的热量，使体温保持恒定，否则就会生病。汗腺就是帮助我们散发体内热量的器官。与大多数动物不同，狗的汗腺不在身体表面，而是长在舌头上。夏天，天气酷热，为了散发身上多余的热量，狗就会不停地伸出长长的舌头，以恢复到正常的体温。另外，在跑累了或是跑热了的情况下，狗也会伸出舌头来散发多余的热量。

为什么小狗在睡觉时会将耳朵贴在地上

现在越来越多的宠物狗狗受到很多家庭的青睐。不过，有一个问题也许很多养狗人士都不知道呢！小狗在睡觉时喜欢将耳朵紧紧贴在地上，这是什么原因呢？其实，小狗的这一习惯是祖祖辈辈传下来的。狗的警惕性特别高，它们随时都在防御被其他凶猛的动物吃掉。由于声音在地面上比在空气中传播得快，而狗又有一对灵敏的耳朵，睡着时它把耳朵贴在地面上，就能听到很远处传来的声音，立即被惊醒。惊醒后，它会马上抬头张望，那是为了查明声音发出的方向呢！看看是否有可能伤害它的动物出现。

小博士趣闻

绝不会迷路的狗狗

小狗有一个特别灵敏的鼻子，它可以根据气味来找到要找的东西。小狗在出门时有一个习惯，就是一边走，一边往路上撒一点尿，回来的时候，小狗就用自己灵敏的鼻子去寻找自己的尿味，这样小狗就能够很快回家了，绝不会迷路。

为什么狗的嗅觉特别灵敏呢

原来，狗的鼻子和其他动物的鼻子不一样，鼻子上能辨别各种气味的部位特别大，鼻腔上部生有皱褶，皱褶上有黏膜和无数的嗅觉细胞。所以，狗的嗅觉就显得异常灵敏。

为什么狗能啃硬骨头

小朋友，你们一定都知道小狗最爱啃硬邦邦的大骨头了。你知道为什么吗？硬硬的骨头咽到肚子里容易消化吗？其实不用担心，小狗在啃骨头这方面可有一些特殊的本领呢！其一，在啃骨头时，它的门齿就像切割机一样，犬齿像钳子一样，臼齿就像小磨一样。如此，它能利用牙齿的这些功能把骨头凿呀、磨呀，再用舌头进行搅拌，骨头就变得又碎又烂了。之后，这些又碎又烂的骨头通过食道到了胃里。小狗的胃里能生成一种叫酶的东西，还有一种酸，它们把碎烂的骨头变得像米浆糊一样，这些食物最后到达肠子里，这样里面的养分会慢慢地被小狗吸收。

为什么猫眼会一日三变

任何动物都会通过改变瞳孔的大小来适应不同的光线，猫在这方面的能力尤其突出。据观察，猫瞳孔中的括约肌收缩能力非常强，对光线的反应十分灵敏。因此，在不同的光线下，它们都可以很好地调适瞳孔的大小。例如，在白天强光的照射下，它们的瞳孔可以缩得很小，就好像一条线；到了早晨或是黄昏，它们的瞳孔就会变成枣核形；而到了夜里，它们的瞳孔又可以张得很大，就像十五的月亮，又圆又亮。总之，不论光线如何变换，猫都可以适时调整瞳孔的大小，从而使自己看得更清楚。

猫真的有九条命吗

小博士趣闻

我们常听说“猫有九条命”，其实这只是一种不确切的说法。不过，相对于其他动物来说，猫的平衡系统和身体自我保护功能的确比较完善。例如，当猫从空中落下的时候，它们总能使自己的全身肌肉保持在一种平衡状态，接近地面时，它们已经做好了着陆准备，所以不会摔伤。另外，科学研究发现，无论是家猫还是野猫，在受伤后都会发出“呼噜、呼噜”的声音，而这种呼噜声有助于它们治疗骨伤和器官损伤。

为什么猫走起路来没有声音

猫的脚底长有一层又厚又软的肉垫，弹性很强，而且猫脚趾末端的钩爪能够伸缩自如。当它们走路的时候，就会把钩爪缩进肉垫里，从而减少了猫爪与地面的硬性接触，缓解了爪子落地时的震动。所以，猫走起路来就悄无声息了。不仅如此，这层厚厚的肉垫还是猫的“感应器”。据观察，猫脚底下的肉垫里面长有丰富的触觉感应细胞，能感知地面微小的震动。这有助于猫更准确地感知老鼠的活动情况，从而能出其不意地将老鼠捉住。

为什么猫喜欢吃鱼和鼠

因为鱼和老鼠体内含有猫必需的物质——牛磺酸。猫之所以能在黑暗中看清东西，就是得益于牛磺酸的物质作用。而老鼠和鱼的体内恰好含有大量的牛磺酸，所以，猫就不断地吃这两种食物来保持体内牛磺酸的含量。

小猫咪舔毛是为了清洁皮毛吗

小博士趣闻

如果家里有饲养小猫的小朋友，不妨留心观察一下，是不是小猫咪特别喜欢在太阳下舔毛。为什么呢，是为了清洁皮毛吗？不是的，原来在猫的皮毛里有一种物质，被太阳一晒，能变成有营养的维生素。猫舔毛是在吃维生素，不是洗澡。

为什么猫爱用爪子“洗脸”

猫在黑夜里走路，一靠眼睛，二靠胡子。猫的身体有多胖，它的胡子从这头到那头就有多长。猫在黑夜里捉老鼠的时候，要用胡子探路。如果老鼠钻进洞里，猫就先用胡子量一量洞口有多大。胡子没有碰到洞口边，它就钻进去；胡子碰到洞口边，说明洞小，它就等在洞口外，当老鼠重又钻出来时，立刻扑上去把老鼠捉住。猫的胡子作用大，如果胡子沾上了许多灰尘，感觉就不灵敏了。所以，猫常常要用爪子在脸上“洗”几下，掸掸尘土，把胡子整理得干干净净。如果留心观察，猫在快要下雨的时候，特别爱“洗脸”。这是因为下雨之前，空气变得潮湿，猫胡子更容易沾上脏东西。所以，这时候猫不但要“洗脸”，而且还洗得非常认真。

为什么山猫又叫豹猫

在动物世界里，要找到两个长得完全相同的动物恐怕是一件非常困难的事，甚至是根本不可能做到的。但要找两个近似的动物可就容易多了。比如山猫，就因为它长得像豹，所以又叫豹猫。那么，山猫到底长得什么样呢？山猫身体大小和一般的猫差不多。它身体的颜色是浅棕黄色，上面遍布着黑褐色的斑纹，很像豹身上的花斑。它的头看上去又短又宽，面部有两条横行的黑纹，两只眼睛的内侧各有一条白纹，从头部到肩部有四条黑褐色的与身体上斑纹一样的纵纹。它的喉部有一道棕黑色的斑带，就像带着条黑珍珠项链。身体两侧都有大小不同、排列不整齐的黑斑。它的胸部和腹部及四条腿的内侧是乳白色的，上面也有棕黑色的斑点。另外，它的尾巴上也有棕黑色的斑点和半环。这就是山猫的样子，它是不是很像豹呢？此外，山猫还叫野猫、狸猫。

小博士趣闻

攀缘能手

山猫还是个攀缘能手，爬树的本领也很高，甚至可以从一棵树纵跳到另一棵树上，所以能捕食树上的鸟类，尤其是在夜间，当林中一片寂静、栖居在树上的鸟类都进入了梦乡的时候，便伸出利爪自如地猎取食物。

为什么骆驼能在沙漠里找到水源

骆驼素有“沙漠之舟”的美称。在茫茫的大沙漠中，它们不仅可以帮人们驼东西，而且还能奇迹般地找到水源，这是为什么呢？其实，这些都是靠着它们那只灵敏的鼻子。骆驼的鼻子非常奇特，鼻孔里面长有瓣膜似的结构，上面布满了嗅觉细胞。由于沙漠的泥沙中常含有一种特殊的化学物质，能散发一种湿润的气息，而骆驼鼻子中的嗅觉细胞对这种气息非常敏感。即使在很远的地方，它们也能分辨出这种气息，从而顺利地找到水源。

小博士趣闻

骆驼的驼峰有什么用

骆驼的驼峰就像一个大仓库，里面储藏着大量的脂肪。当骆驼在沙漠中进行长途旅行时，驼峰里的脂肪就会分解，变成营养物质和水分，从而使骆驼即使在长时间不吃东西的情况下也可以生存下来。

骆马的外形特征有哪些

骆马一般体长125～190厘米，肩高70～110厘米，尾长15～25厘米，重量35～45千克。是骆驼家族中最小的成员，骆马被认为是野生的羊驼的祖先。它的脖子和胸部像骆驼，体型像小马，性情温和。头部大，楔形，耳朵幅大，三角眼，脖子和腿都很长，它善于用脚底和脚趾，以便在岩石和砾石中站得更稳。骆马的毛长而细软，颜色有白色、黑色、黄褐色等。头部的皮毛从黄色到红褐色，在颈部融合成浅橙色。白色长鬃毛足有30厘米长，柔滑地覆盖住胸部，身体的其余部分的皮毛柔软，长度统一。背部为浅棕色，腹部和两侧为白色。

小博士趣闻

骆马如何逃离险境

骆马为群居，由一只雄骆马率领其他雌骆马。在遇到危险时，雄骆马发出警报，同时挺身向前护卫雌骆马后退。它们在海拔4500米处奔跑，每小时可达47千米。

为什么说穿山甲是“森林卫士”

穿山甲是一种地栖性哺乳动物，体形细长，全身长有鳞甲，多生活在山麓地带或是丘陵的草丛、灌木集中的地方。它们挖穴而居，昼伏夜出，是人类的好朋友，保护森林的“卫士”。原来，在森林密集的地方生活着大量的白蚁，它们啃噬树木，具有惊人的破坏力，而穿山甲正是白蚁的“克星”。据统计，一只成年穿山甲的胃，可以容纳大约500只白蚁。在250亩的林地中，只要有一只成年穿山甲，森林就不会受到危害。因此，穿山甲可以说是名副其实的“森林卫士”。

为什么穿山甲遇到危险时蜷缩成球

穿山甲在广东、广西、云南、福建、安徽、江苏、浙江以及台湾地区和海南都有分布。常栖于热带、亚热带丘陵山地树林中，喜潮湿，穴居，昼伏夜出，嗜食林中各类白蚁，也吃其他蚂蚁。它们缺乏抵御天敌的武器，唯一的本领就是把身体蜷缩成球状，然后顺坡往下滚，并依靠其坚硬的覆瓦状鳞甲保护自己。

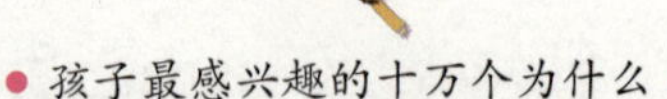

为什么大食蚁兽的嘴是管状的

大食蚁兽最突出的特征是有着一个长管状的“嘴”。原来，大食蚁兽主要以蚂蚁为生。当长嘴前端的鼻子嗅出白蚁的气味以后，便启动锋利的前爪刨开蚁封，直捣白蚁窝，趁白蚁惊慌逃窜时，它伸出长约30厘米的舌头，利用舌上的黏液粘住白蚁，送进嘴里，囫囵吞食。大食蚁兽的舌头一分钟内吞吐可达160次，一天可以吞下大约3万只蚂蚁。

食蚁兽奇特的身体构造

食蚁兽的前腿粗壮有力，长长的爪子弯曲如镰刀，这是自卫和挖掘蚁巢的武器。由于前爪长而弯，所以行走时前掌不着地，而以指背着地，一瘸一拐，步法奇怪。其蓬松多毛的尾巴长足有1米，雨天和热天可以当伞，夜晚铺在地上就成了绒毛毯子了。

黑熊都是黑色的吗

黑熊，也被称为狗熊、熊瞎子，熊亚科，哺乳动物。虽然名字叫做黑熊，但实际上黑熊的皮毛颜色有好多种，如棕色、灰色等。在熊亚科里，黑熊的个头只能算是中等，大约高1.8米，母熊体形更小，只有公熊的一半左右。由于黑熊的胸前有一块明显的白色或黄白色的月牙形斑纹，因此也被称为月熊。黑熊是杂食性动物，以植物为主，喜欢各种浆果、植物的嫩叶、竹笋和苔藓等。另外，蜂蜜以及各种昆虫、蛙、鱼也是它们喜欢的食物。

熊是如何捕猎的

熊在捕猎时并不是像有些人想象的那样从后面抱住猎物，使其窒息而死，而往往是用强有力的前掌拍死猎物，或者干脆用牙齿将对方咬死。

为什么管这种熊叫浣熊

小朋友们爱清洁、讲卫生，饭前便后都要把手洗干净，特别是生吃瓜果的时候，都要经过洗烫才能吃。有一种狗熊也非常爱干净，特别讲卫生，它们在饭前必须先把东西洗过才吃。所以人们称这种熊为“浣熊”。

与北极熊相比，浣熊的身长及体重都要小很多。它的长相比较特殊：头部呈三角形，嘴边上长有胡须，眼睛小小的，四肢短粗且有爪。它们生活在河湖边上，性情凶猛，常常喜欢打架。身体非常灵活，不但会扭门把手，还会开关电冰箱呢！

小博士趣闻

性情比较凶猛的狗熊

黑熊、浣熊、北极熊……这些熊的相貌、产地、生活习性各不相同，但它们有一个共同的名字，即“狗熊”。狗熊的性情比较凶猛，小朋友们去动物园时，千万要注意安全，别往狗熊洞里边投东西，更要小心别掉下去。一旦掉下去是非常危险的。

小博士趣闻

北极熊是如何保护自己的

北极熊身披白色外衣，能够在冰雪天地中很好地隐蔽自己，从而捕获到海豹。但是，有时往往会因为自己的黑鼻子而错失良机。

为什么北极熊不怕冷

北极熊生活在地球的北极圈附近，它们体形庞大，又因为它的毛色近乎纯白，所以也称作白熊。北极熊不怕冷的原因有以下三点：其一，北极熊长着一身既厚又长的毛皮。其二，它们的毛纤维中有着特殊的组织结构，就像一根根中空的管子，能收到非常好的保温效果。其三，北极熊在冬天也能捕到海豹。海豹不仅个体大，而且蛋白质和脂肪含量高，营养丰富。由于它常年和北极熊生活在一个区域里，长期以来，便成了北极熊在冬季最好的食物。海豹属于哺乳动物，依靠肺呼吸，因此在水下呆了一段时间后，必然会浮到水面上换气。北极熊摸准海豹这一习性，经常在水边守株待兔，换气的海豹一不小心就会被北极熊逮住，成为它们冬天的美餐。

游泳健将北极熊

小博士趣闻

北极熊是水陆两栖动物，还是个游泳健将。北极熊全身披着厚厚的白色略带淡黄的长毛。它的长毛是中空的，既能起到极好的保温隔热作用，还能增加它在水中的浮力。加之身体呈流线型，熊掌宽大宛如前后双桨，前腿奋力前划，后腿在前划的过程中还可起到船舵的作用。因此北极熊从不畏寒，在寒冷的北冰洋中可以畅游数十千米。

北极熊的过冬绝招是什么

我们都知道，北极终年冰雪覆盖，天寒地冻，即使在短暂的夏天，阳光普照大地的时候，整个北极仍然是白雪皑皑。到了冬季，呼呼的北风夹着漫天的大雪。那么，面对如此恶劣的环境，北极熊是如何利用自己的绝招顺利度过寒冬的呢？其实，北极熊过冬的绝招就是挖雪洞，住在里面能抵御刺骨的寒风。据专家测定，这些雪洞里的温度要比周围环境温度高出10多度，看来，北极熊真是一种绝顶聪明的动物！

为什么貂熊又被称为“飞熊”

貂熊捕捉猎物时，极其善于奔跑，一旦在地面上发现雪兔、赤狐和松鼠等体型小的动物，就穷追不舍，一纵一跳，奔跑如飞。即使遇到湖泊、河流，它也能跳入其中，利用四肢划“船”，迅速游向对岸继续追击，其身手敏捷如同接受过特殊训练一般。因此，貂熊又有“飞熊”的美名。

最有趣的雅号“四不像”

貂熊，顾名思义，是既像貂又像熊的动物。因其身体的大小与貂相似，身形与熊相当，体貌特征介于貂和熊两者之间，人们便称其为“貂熊”。它的奇特之处还远不止于此，仅和其名字有关的说法就有好几个，十分耐人寻味。“四不像”是它最有趣的雅号。因为貂熊的嘴巴像貂，四爪像熊，身体像獾，头部和尾巴又像狼，简直就是这四种动物“零配件”的组合体，所以得名“四不像”。

为什么松鼠的天敌是松貂

松貂是松鼠最难对付的天敌之一，即使想尽办法避开它，最终仍不能逃脱它的法眼。松鼠如果不小心被松貂发现了，那么就很难逃脱它的视野了。松貂视觉敏锐，而且还会爬树。如果松鼠不幸被松貂发现，它会为了避开貂而逃到最高、最脆弱的树梢上，这样松貂就不敢贸然地追上去了。因为松貂知道细细的树枝是承受不了自己的体重的，如果再向前逼近，恐怕它就要和松鼠同归于尽了。松鼠虽然暂时躲过了危险，却意料不到聪明的松貂正守候在它归巢的途中。原来貂早已预料到，松鼠不可能永远待在树梢上，终究要回家的。于是耐心地等待，松鼠一出现，貂便冲上前去一口咬死它，然后拖到隐蔽的地方慢慢享用。

小博士趣闻

松貂宝宝霸占鹊巢

在荷兰的“德莱特斯–弗莱瑟”世界自然保护区，摄影师希勒布兰德·布鲁克拍摄了一幅有趣的照片。照片中，一对刚出生不久的松貂宝宝霸占了啄木鸟的巢穴。在树干上发现啄木鸟巢穴后，松貂一家便将它当成自己的新家。这对可爱的松貂宝宝很显然对自己的新家非常满意。松貂宝宝趴在啄木鸟巢穴内欣赏着外面的景色，偶尔伸出脑袋，看看外面广阔的世界。

树袋熊的口袋在哪里

和袋鼠的育儿袋不同，树袋熊的口袋并不在它们的肚子上，而是位于它们的背上，并且开口是朝后的。因此，小树袋熊爬进育儿袋要比小袋鼠方便得多。另外，和小袋鼠相比，小树袋熊进入育儿袋的时候并不靠妈妈的帮助，而是凭借自己良好的嗅觉与触觉，以及强壮的前肢，自己爬进母亲的育儿袋里的。一旦进入育儿袋，小树袋熊就会紧紧地叼住妈妈的乳头，尽情地吮吸奶水，以保证充足的营养。而树袋熊妈妈也会收缩育儿袋上的肌肉，避免小树袋熊从育儿袋里掉下去。

树袋熊与熊家族没有亲戚关系

树袋熊又叫考拉，是澳大利亚的一种哺乳动物。看上去有些像玩具熊，其实它和熊家族没有亲戚关系。树袋熊每天要睡18个小时，剩下的时间就不停地吃桉树叶。而小树袋熊出生后必须在妈妈的育儿袋里待上6个月，之后还要在妈妈的背上再呆6个月。

袋鼠肚子上的口袋有什么用

袋鼠肚子上的口袋叫做育儿袋，是袋鼠妈妈用来哺育小袋鼠的。小袋鼠出生的时候非常小，身长不到2厘米，体重不过1克，后腿还被胎膜紧紧地裹着，就像是一条小蚯蚓。这种情况下，小袋鼠想要在自然环境中存活下来，几乎是不可能的，而袋鼠妈妈的育儿袋就是为了保护此时的小袋鼠。小袋鼠刚生下来时，就生活在妈妈的育儿袋里，直到六七个月的时候才开始短时间地离开育儿袋学习生存，一年后才正式断奶，离开育儿袋生活，但仍活动在妈妈的附近，以便随时获取帮助和保护。

袋鼠的长尾巴有何作用

袋鼠是澳大利亚的大型哺乳动物，它们用后脚跳跃前进。袋鼠的尾巴长达1.5米，在跳跃时起平衡的作用，在行走时则帮助支撑身体。袋鼠有两类：一类是红袋鼠，另一类灰袋鼠。

为什么树懒会失去步行的平衡能力

树懒有两大特点：一是它的倒挂术，二是它的伪装术。倒挂在树上是它的习性，它可以四肢朝上，脊背朝下，一动不动地挂在树上好几个小时，饿了摘些树叶吃，食物不足时，它也懒得去寻找食物，它有忍饥挨饿的本事，饿上十天半个月仍然安然无恙。它能长时间地挂在树上，是因为它长有一副发达的钩状爪，能够牢固地抓住树枝，并能吊起它数十千克重的身体。它能倒悬着进行攀爬和移动，从不会跌落下来；另外，热带树叶生长快，吃掉后的树叶很快会重新长出来，它无须移动地方，就有足够的食物吃，树叶汁多，环境又阴湿，用不着下地找水喝，这一切都适合它的懒习气。因此，它睡眠、休息、行动，几乎都是行背倒转的生活。由于它长期栖息在树上，偶尔到了平地，走起路来摇摇晃晃，难以立足，这是失去步行的平衡能力的结果。

小博士趣闻

会做梦的巴西三趾树懒

人类有1/3的时间在睡梦中度过，常常是“日有所思，夜有所梦”。动物们是否也和人一样，拥有七彩梦世界呢？科学家给出了肯定的答案。科学家一直对动物是否做梦颇感兴趣。巴西和美国的3位科学家测定了三趾树懒的脑电图，发现这种动物会做梦，它做梦的时间大约为两个小时。

大灵猫的御敌方法是什么

大灵猫不管是雄性还是雌性，都长有一对发达的囊状芳香腺。雄性在睾丸与阴茎之间，所开启的香囊呈梨形，囊内壁的前部有一条纵嵴，两侧有3～4条皱褶，后部每侧有两个又深又大的凹陷，内壁生有短的茸毛；雌性在肛门下面的会阴部附近，所开启的香囊大多呈方形，内壁的正中仅有一条凹沟，两侧各有一条浅沟。香囊中缝的开口处能分泌出油液状的灵猫香，起着动物外激素的作用。其实这种分泌物恶臭至极，当发现敌害时，它们就将这种带有臭气的物质喷射出来以迷惑对方，这是一种非常有效的御敌方法，往往可以使来犯者当即转身离去，自己则趁机逃到树上躲藏起来。

加工后的灵猫香可作定香剂

灵猫香经过人工精炼、稀释后，可以制成具有奇异香味的定香剂，且一种名为麝香猫咖啡的咖啡（世界上最昂贵的咖啡）就是从麝香猫的粪便中提取出来后加工完成的。麝香猫吃下成熟的咖啡果实，经过消化系统排出体外，由于经过胃的发酵，产出的咖啡别有一番滋味，成为国际市场上的抢手货。

薮猫的主要特征有哪些

薮猫体长67～100厘米。四肢相当长，竟然将近1米。薮猫浑身呈沙黄或红棕色，身上布满黑色的斑纹或斑点，腹部的颜色偏白。在西非的薮猫身上的斑点比较小，斑点也不那么明显，以至于一度被人认为是一个独立的物种。总的来说，来自湿润地区的薮猫的斑点更为精巧，而较为干旱地区的薮猫的斑点则比较大。薮猫的尾巴较短，不到身长的1/3，尾巴上有黑色的环纹装饰。它们的头部小，口吻部位也比较长。当然，最有特色的还是那对大耳朵。薮猫的耳朵长的位置比较高，而且两耳距离很近，耳背毛色黑白相间。样子不像猫，却是地地道道的猫科动物。而在相对潮湿的树林地带还有周身黑色的薮猫。

薮猫的相貌“超凡脱俗”

薮猫为非洲常见的猫科动物，在其属中的唯一物种，被列入《国际濒危物种保护与贸易公约附录Ⅱ》，被誉为野猫中长相最英俊的一种。Serval最初来自葡萄牙语，意思是‘像鹿一样的狼’。要知道薮猫的相貌确实“超凡脱俗”：纤细的身体，修长的四肢，颀长的脖子，外加一对紧密相靠的超大耳朵，让古代的人有了“狼”和“鹿”的联想也不足为奇。

成年海豚是如何照料小海豚的

据海洋动物学家认为，海豚救人的美德来源于海豚对其子女的“照料天性”。原来，海豚是用肺呼吸的哺乳动物，它们在游泳时可以潜入水里，但每隔一段时间就得把头露出海面呼吸，否则就会窒息而死。因此对刚刚出生的小海豚来说，最重要的事就是尽快到达水面，若遇到意外，海豚母亲便会照料小海豚。它会用喙轻轻地把小海豚托举起来，或用牙齿叼住小海豚的胸鳍使其露出水面，直到小海豚能够自己呼吸为止。这种照料行为是海豚及所有鲸类的本能行为。

小博士趣闻

海中“智叟”

海洋学家认为，海豚与人类一样也有学习能力，甚至比黑猩猩还略胜一筹，有海中“智叟”之称。研究表明，不论是绝对脑重量还是相对脑重量，海豚都远远超过了黑猩猩，而学习能力与智力发展密切相关。有人认为，海豚的大脑容量比黑猩猩还要大，显然是一种高智商的动物，是一种具有思维能力的动物，它的救人“壮举”完全是一种自觉的行为。因为在大多数情况下，海豚都是将人推向岸边，而没有推向大海。

海豚赖以生存的本能是什么

研究人员在测试中发现，海豚能用半脑睡眠，可以连续15天不睡觉，甚至能够在更长时间内保持清醒。海豚“半脑睡眠”的求生绝技，即只让一半大脑休息，并维持浮上水面呼吸和警惕鲨鱼来袭的技能。海豚在半脑睡眠期间，识别猎物和天敌的回音定位系统在5天内仍能保持准确无误，没有疲劳迹象，雌海豚更能连续15天不休息。研究人员称，这种生物感应能力是海豚赖以生存的本能。

小博士趣闻

海豚的表皮有什么作用

海豚的皮肤轻软如绸缎，质地似海绵。海豚每两小时更新一次外表皮肤层的细胞，以保证降低逆流情况的出现，同时允许高达时速60千米的游速以及从水中跳跃到高7米的空中动作。这些优异的特征通过学者的研究，被应用于潜水衣的制作和造船技术中。

国际海豹日

由于滥捕乱猎和海水污染，现在，海豹的种群数量在急剧下降。为了保护海豹这种珍稀动物，拯救海豹基金会在1983年决定，将每年的3月1日定为国际海豹日。

为什么说海豹是“潜水高手”

海豹体内有种特殊的储氧“仓库”——血液和肌肉。海豹的血液所占其体重的比例，通常比陆生动物多，约占其体重的18%。海豹血液的贮氧量远远大于人体内血液的贮氧量。海豹的肌肉也能储存氧气。它的肌肉中有一种肌红蛋白，十分容易与氧结合。当海豹露出水面换气时，吸入肺中的一部分氧气就会与肌红蛋白结合，形成一种特殊的化学结合物储存在肌肉中，供肌肉活动所消耗。另外，海豹摄取氧气和耐二氧化碳的能力很强，所以它能长时间潜入海中而不换气。

为什么海豹喜欢吃石块

海豹有个非常奇怪的饮食习惯，它常常找一些小石块吃，这是为什么呢？原来海豹经常吃一些小鱼小虾，还有贝壳类，尤其贝壳到了胃里非常不容易消化吸收，不消化还怎么再吃食呢？海豹就想了一个办法，多吃些小石块，用这个办法来磨碎胃里的贝壳。天长日久，就形成了习惯。海豹吃了石块以后体重不断地增加，反倒克服了肥胖引起的浮力，而且还大大地提高了潜水的能力。

小博士趣闻

海豹为什么不怕冷

海豹的头圆而平滑，头和躯干之间无明显的颈部，颈短而粗肥，这种缩短的颈部，是海豹适应水中生活的显著特征之一。为了不使体内热量散失并增加身体在水中的浮力，它的身体有十分发达的脂肪层，所以在寒冷的地方也没有关系。

外形丑陋但很友善的海象

海象虽然外形丑陋，但通常是很友善的，只有受到骚扰时才会发怒，咆哮。一只发怒的海象会袭击一只大船。它的两只长牙不仅用来挖掘贝类食物，必要时就用做攻击性武器。

为什么海象要长长牙

海象的真正名字是海马，但因为它长着两根尖尖的长牙，形状很像大象的牙，人们就形象地把它叫做海象了。海象的长牙有很多用处，用它可以啄开坚硬的贝壳，海象一次能吃几百个海贝呢！海象的长牙还是它的防御武器，面对这么吓人的利牙，谁不害怕！

海象虽然在水里挺灵活，但在冰面上就显得很笨重了。奇怪的是，拖着这么臃肿的身躯，它是怎么从海里“爬”上岸的呢？海象每次从海水里爬上浮冰，都必须依靠那对锋利的长牙。它把长牙狠狠地扎进冰壁，靠鱼鳍一样的前脚帮助，借着光滑的皮肤，一使劲挣扎，就“哧溜”一下滑上了冰面。这样看来，海象的长牙实在是它的另一只“脚”！

为什么犰狳被称为“古代武士”

犰狳，全身披挂，坚甲护身，可以达到御敌自卫的目的，看上去俨然一副“古代武士”的模样，因而又有人称其为“铠甲鼠”。犰狳身上的鳞片由许多细小的骨片构成，每个骨片上长着一层角质的鳞甲，这就成为它抵御敌人的防护壳。有的犰狳凭借自己坚硬的骨甲，把身体紧紧地蜷缩起来，形成一个球形的铁甲团，连大食肉兽也别想伤害它一根毫毛。可以称得上是一个有齿咬不破，用拳打不疼，用脚踢不伤的家伙。

犰狳的防御手段是什么

在哺乳动物目中，犰狳是具备最完善的自然防御能力的动物之一。其防御手段可概括为：一逃，二堵，三伪装。

所谓“逃”，即逃跑的速度相当惊人，犰狳具有令人吃惊的嗅觉和视觉，当所到之处发生险情时，它能以极快的速度把自己隐藏到沙土里。别看它的腿短，掘土挖洞的本领却很强。所谓“堵”，就是它逃入土洞以后，用尾部盾甲紧紧堵住洞口，好似“挡箭牌”一样，使敌害无法伤害它。所谓“伪装”，就是前述的蜷曲法，全身蜷缩成球形，身体被“铁甲”所包围，让敌害想咬它也无从入手。

为什么长颈鹿的脖子那么长

长颈鹿是世界上最高的动物，仅它们的长脖子就超过3米。据科学家研究，长颈鹿这种独特的形体是它们为了生存，适应环境的结果。据考证，长颈鹿的祖先并不全是长脖子。当时，它们生活在干旱的半沙漠地带，为了生存，它们只能努力地伸长脖子去吃高处的树叶。在这一过程中，那些脖子长的长颈鹿得以生存下来，那些脖子短的因为吃不到树叶而被饿死。经过长期的自然淘汰，长颈鹿的脖子就都变成了现在的这个样子。另外，长颈鹿的长脖子除了有利于它们吃到高处的树叶之外，还能帮助它们及时发现敌情。

巨型宝宝

不管是在人类社会中，还是在动物世界中，长颈鹿的宝宝都足以称得上是世上最高的巨型婴儿。它们一出生就大约有2米高。如此，长颈鹿妈妈的个头也是高得吓人。所以，当小长颈鹿宝宝一生下来，就必须面临从高空摔落的考验。而且，长颈鹿宝宝摔下来时总是头朝地，这看起来危险极了。不过不用担心，这就像给小长颈鹿做了一次深呼吸。

小博士趣闻

长颈鹿为什么耐渴

长颈鹿的脖子长达两三米，因此它们喝水的时候非常不方便。每当长颈鹿口渴，需要喝水时，它们就会将前面的两条腿大幅度地叉开，或者干脆跪在地上，因为只有这样，它们的头部才能碰到地上的积水。这种姿势非常吃力，所以长颈鹿每喝一口水，都要站起来休息一下，然后再接着喝。但也正是因为喝水非常费劲，长颈鹿才养成了耐渴的习性。在干旱的草原上，长颈鹿可以一连几个月不喝水，仅靠摄取食物当中的水分来满足身体的需要。

小博士趣闻

长颈鹿的高血压

长颈鹿的平均身高约5米。为了将血液送到高高在上的大脑中，它们必须提高体内血压，所以长颈鹿的血压要比人类正常的血压高出2倍。

为什么只有鹿角能完整再生

经英国皇家兽医学院科学家研究表明，在哺乳动物中，鹿是唯一能完整再生身体零部件的动物。鹿角之所以具有再生能力，是因为其中的干细胞扮演了重要的角色。干细胞作为鹿身体的重要细胞，可以发展成为许多特殊的细胞类型，并支持鹿角再生的整个过程。鹿角是较大的骨质结构，骨外有天鹅绒般的鹿茸外皮。鹿角年年生长、死亡、脱落，然后再生长，生长过程达3～4个月，是生长最快的活组织之一。当鹿角长到最大尺寸后，骨头开始变硬，像天鹅绒一样柔软的鹿茸开始脱落。一旦鹿茸掉光，只剩下赤裸的骨头，就可成为角斗的强大武器。在交配期结束时，鹿角脱落以保存能量，等到春天来临，在其头顶上又长出一对新的隆起的组织骨结节。

小博士趣闻

为什么鹿茸要及时割

鹿角每年脱换一次，当旧角脱下，新角随后长出。新角质地松脆，外面蒙着一层棕黄色的毛绒绒的皮，皮上分布着血管，可输送养分，供鹿角生长。这新长出的“嫩”鹿角，即为鹿茸。鹿茸长到八九个月以后，外面茸皮脱落，就变成了又硬又光滑的骨质角。为了保证其药用价值，所以在没有变成骨质角之前，就应该及时割茸。

牛羚是牛还是羊

牛羚体形粗壮，四肢短粗，前肢粗壮有力，整体形态和牛非常相像。可是，它们那高高隆起的鼻子、下颌的胡须却又和羊十分相似。那么，牛羚到底是牛还是羊呢？为此，科学家们经过反复研究，发现牛羚和牛的关系更为接近，于是把它们归入了麝牛亚科。牛羚是典型的群居动物，每个族群中都有一头成年的雄牛羚头领，如果遇到侵袭，头牛羚就会率领牛羚群向前冲去，势不可当，直到脱离险境为止。

羚牛为不丹的国兽

在不丹，羚牛被称为“国兽”，也被叫做“塔金”。不丹首都廷布山野的保护区里经常可以见到它们的踪影。

为什么麋鹿是我国的特产

有一种动物，它们“角似鹿非鹿，头似马非马，尾似驴非驴，蹄似牛非牛”，人们都称它们为“四不像”。其实，它们是一种鹿科哺乳动物——麋鹿。

麋鹿是我国特有的珍稀动物，它们体形巨大，成年麋鹿的体重可以达到250千克。麋鹿最引人注目的是那条长长的尾巴，可以达到50厘米，一直拖到脚踝处。雄麋鹿的角为多个两叉分枝，形状整齐，在所有的鹿科动物中是独一无二的。

麋鹿是一种喜欢群居的动物，大多生活在水草茂盛的河湖岸边或沼泽地带。现在，野生麋鹿已经绝迹，现有的麋鹿都是人工饲养的。麋鹿性情温和，善于游泳。

小博士趣闻

大卫神父鹿

1865年，法国传教士大卫到北京南郊考察，在当时的皇家狩猎场发现了麋鹿，引起他的强烈好奇。于是大卫花费20两银子，买通了守卫皇家猎苑的官员，拿到两套麋鹿的头骨、角的标本。经过巴黎自然博物馆馆长爱德华的鉴定，确定这不但是一个新的物种，而且是一个单独的属。为表彰大卫的发现，麋鹿的外文名字就叫“大卫神父鹿”。

赤斑羚的生活习性有哪些

赤斑羚别名红青羊、红山羊、红斑羚，属于牛科。我国是1979年发现赤斑羚的，它是典型的林栖动物。大多生活在海拔1500～4000米林内较空旷处或林缘多巨岩陡坡的地方。活动范围较固定，性机警，步履轻盈，受惊后迅速窜入附近躲藏。多成对或集群活动，早晨和午后觅食，主要以植物的嫩芽、绿叶为食。冬季为繁殖期，6～8月产仔，每胎1～2仔。数量极稀少。产于云南西部及西藏东南部。属于国家一级保护动物。

小博士趣闻

赤斑羚的外形特征

体长95～105厘米，肩高60～70厘米。雌雄均具一对黑色角。四肢粗壮，蹄较大。体型与斑羚相似，但头部、颈、体背以及四肢（除外侧上段污白色外）均为红棕色，腹面黄褐色，体侧稍显浅淡。上、下唇灰白色。尾褐黑色，长度不超过10厘米。

最小的有蹄类动物是什么

鼷鹿是最小的有蹄类动物。它的身长不到50厘米，体重2千克左右，跟兔子的大小差不多。体背毛色赤褐色，脊部略深，喉、颈下、胸腹均为白色。鼷鹿是真正的林栖动物，生活在我国云南省西双版纳的丛林深草中。生性孤独，很不合群，但有时也成对活动，过着昼伏夜出的生活。行动轻快，可以像兔子一样跳跃奔跑，受惊时也能游泳逃走，但游到对岸后有晒毛的习惯，此时行动迟缓，甚至可以活捉到它们。

鼷鹿的主要特征有哪些

鼷鹿面部尖长，无角，雄性有发达的獠牙，四肢细长，前肢较短。雄鼷鹿和雌鼷鹿的头上都没有角，第一枚门齿呈铲状，第二、第三枚门齿和犬齿都呈条状，铲状的门齿之间还有空隙。雄鼷鹿的犬齿较为发达，露在外面形成獠牙，是它决斗时的主要武器。

旋角羚为什么适宜在沙漠地带生活

旋角羚肩高约1米，体重150～300千克。体毛为白色，但胸部、颈部和头部的毛色则为褐色，鼻梁上和嘴边有白色的斑块。到了冬天，旋角羚的体毛会换成褐色。雄性和雌性旋角羚都长有角，雄性角长可达120厘米，雌性可达80厘米，角上带有两个螺旋状的弯曲，其名称即由此而来。旋角羚蹄的底部较宽，强健有力，可以在松软的沙土上行走。以草、树叶和其他灌木为食。旋角羚不喝水，只从它们的食物中获取水分。这使得它们成为最适应沙漠气候的一种羚羊。

如何识别旋角羚

旋角羚还有一个容易识别的特征，在它们的前额处有一块比身体毛色要深得多的毛，而脸部却又比身体还白。由于人类的大量捕杀，旋角羚濒临灭绝。

为什么梅花鹿身上的“梅花”会变

许多动物身上的毛如同小朋友身上的衣服一样，是要随着季节的变化而更换的。梅花鹿身上的毛就是一年换两次。由于梅花鹿从冬毛换成夏毛的时候，身体上一部分毛的白色素特别多，因此就形成了白色的毛。又由于整个身体上的毛都比较薄，由这些白色毛形成的斑便特别地明显，所以人们就能清楚地看到它身上像“梅花”一样的花纹了。由夏毛换冬毛时，因为白色毛减少了，又因为它整个毛的底色就较浅，并且换上的冬毛是又长又厚又密的，所以冬天的时候，梅花鹿身上的“梅花”就不那么明显，而变得模糊了。如果小朋友想亲眼看看梅花鹿是怎么换毛的，就请你在春季末期和秋季末期去动物园，你仔细地看一看就会发现，梅花鹿身上一片一片的，好像被人剪过又好像没剪完似的，其实，这就是它们正在换毛呢！

小博士趣闻

梅花鹿的生活习性

梅花鹿的生活区域还随着季节的变化而改变，春季多在半阴坡，采食栎、板栗、胡枝子、野山楂、地榆等乔木和灌木的嫩枝叶以及刚刚萌发的草本植物。夏秋季迁到阴坡的林缘地带，主要采食藤本和草本植物，如葛藤、何首乌、明党参、草莓等，冬季则喜欢在温暖的阳坡，采食成熟的果实、种子以及农作物，还常到盐碱地舔食盐碱。

毛冠鹿的头上真的没有长角吗

只要谈起鹿，似乎人们总认为，它们都长着像长长的树枝一样的鹿角，其实这种观点是错误的。毛冠鹿也是鹿，可有的小朋友却认为毛冠鹿并没有长鹿角。动物园饲养员告诉我们：毛冠鹿的头上也是有鹿角的，只是这种鹿的鹿角太短了，只有脚指头那么长，而且还不分叉，它隐藏在那撮竖立的黑色长毛里面了，因此很不易被发现。

更有趣的是，出生不久的小毛冠鹿的背部中线两侧各有一行斑点，看上去就像糖葫芦一样。随着小鹿不断长大，那斑点就会慢慢地不见了。

小博士趣闻

毛冠鹿的形态特征

毛冠鹿体形似小鹿。体长1.4～1.7米，肩高0.6米；上犬齿甚大，呈獠牙状，露出口外；无额腺，但眶下腺特别发达；泪窝大而深，比眼眶的直径还要大；尾短，仅10厘米左右。

雄毛冠鹿其短而不分叉的角，几乎全部隐藏在额部的长毛中，其短小的角尖微向后弯。眼小，眶下腺特别显著，无额腺。耳阔圆，被有厚毛。雄毛冠鹿上犬齿长大，微向下弯，露出唇外。尾较短。

为什么白唇鹿被称作“抗寒勇士”

白唇鹿是名副其实的“抗寒勇士”。它只栖息在我国青藏高原海拔3500～5000米的高山上。多数时间活动在4000米上下的范围内，但是当夏季到来时，它抗不住15℃左右的“高温”，就移动到海拔5000米左右的地方去“避暑”。高原地区空气稀薄，但大自然给它造就的那只发达的大鼻子，使得它能悠闲自在地生活。除此，白唇鹿体毛粗而硬，呈灰褐色，头部、腹部颜色较浅，臀部有浅黄色的毛斑。初夏冬开始脱落，盛夏时又长出新的体毛。有意思的是，它们的体毛粗硬，但都是空心的。这样的体毛正适合抵御冬季零下35℃的严寒。而在春夏季节，又发挥着类似救生衣的作用，可以泅水而过。

白唇鹿的生活习性

白唇鹿有一些有意思的习性，在夏季它常常泥浴。泥浴既可以帮助解除燥热，又可以防止虫子的叮咬，对它们颇有益处。白唇鹿还喜欢吃一点带咸味的食物。牧人们常常就利用这一点，在牧场上撒点盐，以此诱来白唇鹿。馋嘴的白唇鹿，往往因此被捕获。

小博士趣闻

古小熊猫的第六趾

小熊猫这一物种已生存了900多万年，它的祖先被称为古小熊猫。

科学家认为，古小熊猫的第六趾是用来攀爬树木的。经分析，化石表明古小熊猫的身体结构特别适合爬树；其次古小熊猫生存在众多猛兽出没的年代，因此那个帮助爬树的第六趾对于古小熊猫来说就显得非常重要。不久前在西班牙新出土的许多古小熊猫化石，支持了法国和西班牙科学家这种假设。几百万年后，自然环境和小熊猫的生活方式都发生了改变，第六趾的功能已不再重要，它目前的用途只是帮助脚爪抓握食物。

小熊猫是幼年的大熊猫吗

有许多人都分不清小熊猫与大熊猫的区别，以为小熊猫是年幼的大熊猫。其实它们是两种不同的动物，但有一定的亲缘关系。小熊猫为食肉目浣熊科，19世纪初被人发现，分布于喜马拉雅山的两侧，东起云南、四川，西到不丹、尼泊尔、锡金、缅甸等，是亚洲特产动物，国家二级保护动物。小熊猫寿命可达13年。

为什么称大熊猫为“国宝”

大熊猫身体胖软，头圆颈粗，耳小尾短，四肢粗壮，特别是那一对八字形黑眼圈，犹如戴着一副墨镜，非常惹人喜爱。大熊猫是世界上最珍贵的动物之一，主要分布在我国的四川、甘肃、陕西省的个别崇山峻岭地区，数量稀少，属于国家一级保护动物，被称为“国宝”。它不但被世界野生动物协会选为会标，而且还常常担负“和平大使”的任务，带着中国人民的友谊，远渡重洋，到国外攀亲结友，深受各国人民的欢迎。

世界上最美的大熊猫

1985年3月26日，陕西佛坪自然保护区内佛坪县岳坝乡大古坪村的一位村民，在海拔大约为1200米的悬马沟竹林深处的河滩发现一只棕白色相间的患病大熊猫，身体极度衰弱，后来经过保护区的工作人员和各个方面的协力抢救，才转危为安，病愈以后寄养在西安动物园，取名“丹丹”，当时年龄为13岁，体重60多千克。这是世界上科学界首次发现体毛为棕色的大熊猫，此后于1990年、1991年和2009年，在佛坪自然保护区内的竹林中又有3次分别观察到棕色大熊猫的2只成体和1只幼仔。这种熊猫两耳、眼圈、睫毛、吻头、肩胛及四肢的毛均为棕色。因此，北京大学大熊猫专家称其为“世界上最美的大熊猫”。

为什么熊猫的爪是“六指儿”

熊猫是很招人喜爱的动物。它的身体肥壮，圆圆的脑袋，短尾巴，全身的毛色黑白分明；眼睛虽小，却有两块“八”字形的大黑眼圈，动作显得稚气可笑。熊猫的祖先是吃肉的，所以它还留有发达的犬齿和锋利的爪。由于在长期进化过程中变成爱吃“素”的了，它又学会了用“手”握着竹子竿来嚼。但是它的“手”跟别的动物不一样，它的“五指”中的大拇指退化变小，握不住东西了。那么，它又怎么拿起竹子竿呢？原来，熊猫是个假“六指儿”。在它腕子的内侧长出一块长骨头，变成一个有皮毛而没有爪的假大拇指，靠它不仅可以弯曲过来夹住长竹竿，经过训练还能表演各种有趣的动作呢！

小博士趣闻

猫熊

大熊猫最初的名字叫“猫熊”，因为古时写字是自右往左，后来就渐渐地被叫成了“熊猫”或“大熊猫”。

为什么大熊猫爱吃竹子

大熊猫的祖先是食肉动物，至今它们仍然保留着祖先的这一习性，在有条件的时候，它们仍然会吃肉。不过，更多的时候，它们总是抱着嫩嫩的竹子啃个不停，它们为什么那么爱吃竹子呢？原来，在大熊猫进化的历史中曾经受过冰川的侵袭，大量的物种都灭绝了，食物变得非常难找。这时，生活在四川、甘肃一带的大熊猫发现竹子也可以吃，它们便开始改吃竹子，时间一长，就慢慢成了一种习性。由于大熊猫经常吃竹子，因而它们的臼齿变得特别大，能非常方便地磨碎竹子。

影响大熊猫生存的四大因素

第一，熊猫的生育率较低。熊猫幼仔生下来时往往都太小，且发育未完全成熟，熊猫妈妈有时把它们捧在手上，寸步不离，甚至不吃不喝。尽管如此，许多幼仔也不能成活。第二，竹子的短缺。大熊猫一天当中差不多14个小时都要进餐，而且一天能吃掉20千克的竹叶。第三，它们的居住地遭到严重破坏。第四，人们的非法捕猎。

北极狐是如何捕杀猎物的

北极狐以鸟类和鸟卵为食。冬季有贮藏食物的习性。其食物包括旅鼠、鱼、鸟类、雀蛋、果实、北极兔，有时会漫游海岸捕捉贝类，但主餐多数是旅鼠。当北极狐闻到旅鼠窝的气味或者听到旅鼠窝里面的旅鼠尖叫时，就会迅速挖掘积雪下面的旅鼠窝，当挖得差不多时，北极狐会高高跳起，借着跳起的力量，用脚将旅鼠窝压扁，然后将窝里面的旅鼠一网打尽。在极度肚饿的情况下，白狐甚至会自相残杀。

雪地精灵

北极狐属犬科，也叫蓝狐、白狐等，被人们誉为雪地精灵。北极狐能在零下50℃的冰原上生活。北极狐的脚底上长着长毛，所以在冰地上行走不打滑。北极狐在夏、冬季节，身体毛色的变化很大，冬毛纯白，仅无毛的鼻尖和尾端是黑色，这也是长期对外界环境的一种适应。

狐与狸的区别

我们常说狐狸，事实上，狐和狸是完全不同的两种动物，只不过由于它们的外形很相似，又具有一些相同的生活习性，人们才把它们混为一谈。如果我们仔细观察就会发现，它们有很多不同之处。狐就是我们常说的狐狸，与狸相比，它们的体形要大一些，听觉和嗅觉都非常灵敏，行动也比较迅捷。狸俗名貉子，耳朵和嘴巴比狐的要短，行动要迟缓许多。另外，狸的眼睛周围有一圈黑色的斑纹，这也是它们与狐的不同之处。还有，狐的皮毛颜色各种各样，而狸的皮毛一般都是棕灰色的。

为什么称狐狸为“智多星”

我们常说“狡猾的狐狸”，称它们为动物里的“智多星”，其实这句话一点儿也不错。当狐狸发现兔子、松鼠等猎物时，它们并不是立刻就冲上去，而是做出许多古怪的动作来吸引它们，等到那些猎物放松警惕的时候，再出其不意地偷袭。另外，狐狸还有一种本事——装死。由于自身条件的限制，狐狸并不能捕捉飞鸟，于是，每当遇到那些喜欢吃腐肉的鸟类时，它们就会躺在地上装死，任凭那些鸟类啄它，也一动不动。等到那些鸟类相信它们是尸体，放心大胆地来饱餐时，狐狸便会猛地蹿起来，捕获猎物。狐狸的听觉和视觉都非常发达，这有助于它们及时逃离危险。到了夜里，狐狸的眼睛还会聚起弱光，看起来令人毛骨悚然。

为什么狐狸会空“手”而归

狐狸有一个奇怪的行为：一只狐狸跳进鸡舍，把十多只小鸡全部咬死，最后仅叼走一只。狐狸还常常在暴风雨之夜，闯入黑头鸥的栖息地，把数十只鸟全部杀死，竟一只不吃，一只不带，空“手”而归。这种行为叫做“杀过”。其成因可能是出于本能，也可能是受到某种刺激而引起的，或者是两种原因兼而有之。

为什么赤狐能报警

传说赤狐是能报警的，原来赤狐的肛部两侧各生有一个腺囊，能释放出奇特的臭味。如果猎人在设置陷阱的时候被赤狐看到了，它就会悄悄地跟在猎人的后面，在每一个陷阱的周围都故意留下一股臭味，这股臭味是一种特殊的警报，他的同伴闻到这种臭味就知道这里有猎人设下的陷阱，不会再上当了。从中我们可以看出，赤狐的臭味是一种特殊的报警方式，所以有人说赤狐会报警。

神秘的狐仙

赤狐的眼睛适于夜间视物，在光线明亮的地方瞳孔会变得和针鼻儿一样细小，但因为眼球底部生有反光极强的特殊晶点，能把弱光合成一束，集中反射出去，所以在黑夜里常常是发着亮光的。

在荒山旷野的古寺、废墟、坟墓、土丘附近，如果夜里有几只赤狐来回游荡，远远望去就像有很多忽隐忽现、闪烁发光的小灯。常常使人迷惑不解，产生恐惧，或者引起精灵鬼怪之类的幻想，再加上赤狐固有的机敏、狡猾的习性，便产生了形形色色的荒诞传说，也给赤狐涂上了一层神秘的色彩，称它为“狐仙”等。

据科学家观察，蝙蝠的视力非常差。可我们发现，在昏暗的夜空中，成群的蝙蝠在空中穿梭不停，却不会与任何物体相撞，这是为什么呢？原来，蝙蝠在飞行的时候能发射非常强的超声波，当这种超声波遇到障碍物的时候，就会反射回来。蝙蝠的耳朵接收到反射回来的超声波时，就会根据回声的强弱来判明物体的方位、大小以及它们与自己的距离，从而采取相应的行动。科学家将蝙蝠这种根据回声探测物体的方式叫做“回声定位”。有了这种特殊的本领，蝙蝠当然可以在黑夜里畅行无阻了。

为什么蝙蝠夜间飞撞不到树

小博士趣闻

蝙蝠是如何睡觉的

蝙蝠睡觉的时候总是将身体倒挂起来，这主要是由它们独特的身体结构导致的。蝙蝠的后腿十分短小，并且和宽大的翼膜相连，这样，当它们落到地面上的时候，只能将身体和翼膜都贴近地面，借助翼膜的力量爬行。但这种爬行方式很不灵活，遇到危险很不方便逃脱。但如果爬到高处倒挂起来，一旦遇到侵袭，蝙蝠便只需把爪子松开，身体下沉，就可以轻松地起飞，逃之夭夭了。另外，倒挂的睡姿还可以使蝙蝠的身体不触碰到周围的物体，从而使它们能迅速地飞离。

鸭嘴兽是如何觅食的

鸭嘴兽喜欢吃一些小的水生动物，如昆虫的幼卵、虾米和蠕虫。但是可怜的鸭嘴兽没有哺乳动物那样尖利的牙齿，一张扁扁的鸭嘴，如何咀嚼食物，难道生吞活咽吗？鸭嘴兽却有办法，每次它在水中逮到食物，先藏在腮帮子里，然后浮上水面，用嘴巴里的颌骨上下夹击后才大快朵颐。

为什么鸭嘴兽是哺乳动物

鸭嘴兽究竟是鸟、是兽，还是爬行动物呢？我们先来看一下它的繁殖生长过程。每年10月，鸭嘴兽开始繁殖。它先在近水的岸边窝内铺上干草，然后生下1～2枚蛋。蛋很柔软，鸭嘴兽就像母鸡一样伏在上面孵蛋。经过10～12天，小兽破壳而出。刚出壳的幼仔，长3厘米左右，眼睛没有光感，也没有尾巴，母兽便开始用乳汁喂养它们。鸭嘴兽有乳腺，但没有乳头，乳腺分泌的乳汁顺着毛流到腹部的小沟里，小兽仰卧着在腹沟缝中舐食。大约经过4个月的哺乳生活，小兽就开始独立到河里游泳找食了。人们根据鸭嘴曾全身披满兽毛，又能以乳汁喂养幼仔的特点，将它归入哺乳动物的行列。至于它能生蛋，这说明它在向哺乳动物进化的过程中，还保留了它的祖先爬行动物的某些特点。

鸭嘴兽是生活到现今的上古类动物中仅存的三种动物之一，是哺乳动物中最低等同时也是最奇特的动物，澳大利亚将它列在国宝的榜首。鸭嘴兽又名鸭獭，属于单孔目。这个目包括鸭嘴兽和针鼹两类动物，针鼹有三种，鸭嘴兽只有一种。几千种哺乳动物中只有鸭嘴兽和针鼹是卵生的，鸭嘴兽不但有鸟类的喙，也会像鸟类一样自己营造窝巢孵卵。它在水中游泳像鱼一般自如，在陆地上又有爬行类的两栖性能。因而它是兼备哺乳类、鸟类、爬行类和鱼类四种特征的动物。

小博士趣闻

鸭嘴兽如何保护自己

鸭嘴兽是极少数用毒液自卫的哺乳动物之一。在雄性鸭嘴兽的膝盖背面有一根空心的刺，在用后肢向敌人猛戳时它会放出毒液。鸭嘴兽分泌毒物是为了显示它们在交配季节中的主导地位。雄性鸭嘴兽会通过它脚掌下面的小倒钩来分泌毒素，喷出的毒汁几乎与蛇毒相近，人若受毒钩刺伤，即引起剧痛，以至数月才能恢复。这是它的“护身符”。雌性鸭嘴兽出生时也有剧毒，但在长到30厘米时就消失了。在野外遭遇鸭嘴兽，绝不能掉以轻心。

为什么双螈是青蛙和蝾螈的祖先

在晚石碳世，地球的陆上覆盖着许多茂密的热带森林和沼泽地。四处飞舞着巨大的昆虫，而新近演化出来的两栖类动物在昆虫身后追逐。它们中有的跟短吻鳄大小差不多，有的体形稍细，与蝾螈差不多大，如双螈。在双螈身上出现了许多蛙类和蝾螈的特征，据科学家研究表明：双螈可能是这些动物的祖先。

双螈是如何捕杀猎物的

双螈在寻找猎物时，瞪着大大的眼睛，有时也会像蛙类一样站着不动，等猎物靠近身边后，再将猎物捕杀掉。它和现在的两栖类动物一样，很可能在水中繁殖和产卵。

为什么壁虎能在墙上爬却掉不下来

在蜥蜴一类动物中，最善于在天花板上爬行的要数壁虎了。壁虎的四足足端有一膨大的软垫，它是由许多板片构成，这些板片实际上是一种由千百万根微绒毛覆盖着的鳞片，这种微绒毛的直径只有10微米，长为90微米，呈钩子状。这密集的微钩能帮助壁虎轻而易举地抓住天花板上微乎其微的小凸起，使它在天花板上如履平地而不掉下来。

小博士趣闻

为什么壁虎的尾巴断掉后还能摆动

因为断掉的尾巴里有很多神经，尾巴离开身体后，神经并没有马上失去作用，所以还能摆动。当壁虎遇到敌人攻击时，它的肌肉剧烈收缩，使尾巴断落。刚断落的尾巴由于神经没有死，不停地动弹，这样就可以用分身术保护自己逃掉。这种现象在自然界中被称为“断肢自救”，不仅是壁虎，这种现象在双翅目大蚊科昆虫中也比较普遍。大蚊的腿又细又长，非常醒目，抓住或碰到后很容易脱落，而虫体本身并不会受到伤害，却可借机逃走。

为什么绿鬣蜥喜欢晒太阳

在野外绿鬣蜥主要吃各种叶子、嫩芽、花和果实。水分来源主要是食物，有时也喝在枝叶上的水滴。早上从栖息处爬到容易晒到太阳的树枝上，晒数小时日光浴，把身体晒暖，然后在各处觅食。数小时后吃饱，继续爬到树枝上晒太阳，因为他们需要一定的温度才能把吃进去的食物消化掉。太阳下山后，爬回栖息处睡觉。在一整天的活动中，它们一方面会提防比自己大的鬣蜥，一方面见到比自己小的鬣蜥就会去吓唬它们。对于其他大的动物，它们会认为是自己的猎食者。在发情期，雄鬣蜥会到处寻找雌鬣蜥来交配，而雌鬣蜥会尽量躲藏。

小博士趣闻

最受欢迎的蜥蜴之王——绿鬣蜥

鬣蜥，由字面上看得出来就是指有棘鬣的蜥蜴，种类不算多，其中最有名气的自然要属加拉巴哥群岛的海鬣蜥和陆鬣蜥了。但如以宠物蜥蜴来说，绿鬣蜥可算是最受欢迎的蜥蜴之王了，它也是体形最大的鬣蜥种类之一，是被广泛饲养的最具代表性宠物蜥蜴。

三角恐龙的颈盾和角有什么作用

三角恐龙是在大寂灭前出现的最后的恐龙种类之一。三角恐龙是四肢动物，它是恐龙家族中最好辨认的物种之一，它的脑袋后面有一圈骨质颈盾，以及头上三个角的功能是科学家最爱争论的话题。人们曾经以为，其颈盾和角是用来对付捕食者的自保武器，但是最近有理论认为，这些更有可能用于求爱行为，正如现在的鹿和山羊的角一样。

三角龙的脖子及嘴

三角龙的脖子相当灵活，这使其不仅能吃到树叶，也可以吃地面上的植物。强有力的鹦鹉嘴般的喙可以咬断坚韧的植物，如棕榈叶、蕨类植物和苏铁等。它的牙齿就像剪刀一样，可以把植物剪下并切碎。

易碎双腔龙是已知的最大的恐龙吗

易碎双腔龙是目前为止发现的最大最重的恐龙。它也许是已发现的最长的脊椎动物，长约30～40米，总重量达到120吨左右。任何产生巨大体形变异的进化因素都要从这个种类的起源说起。我们来看看对巨型食草类哺乳动物像大象和犀牛的研究，这些研究表明食草动物的体形越大，消化食物的效率越高。越庞大的动物消化系统越长，食物在消化系统停留的时间也越长，使得这些大型动物能够靠这些低质的食物生存下去。

小博士趣闻

为什么恐龙会灭绝

恐龙在生物进化史上，曾有过辉煌的一页，但这种巨大的动物最终还是没有逃脱在地球上灭绝的命运！为什么曾在地球上称霸一时的恐龙一个不留地消失了？地球上究竟发生了什么事？据科学家推想：6500万年前的一天，森林里一片宁静，饱餐后的恐龙都在休息。忽然，一阵沉闷的雷声隆隆响起，大地在抖动，四周漫起了烟尘，黑暗笼罩着大地，大量的恐龙窒息而死。原来6500万年前，小行星撞击地球，引发了这场灾难，而恐龙正是在这场突然的灾难后灭绝的。

梁龙为什么是恐龙世界中的体长冠军

梁龙是现有考证下有史以来陆地上最长的动物之一，比雷龙、腕龙都要长，但是由于头尾很长，身体很短，其体重并不重。梁龙脖子虽长，但由于其颈骨数量少且韧，因此梁龙的脖子并不能像蛇颈龙一般自由弯曲。腕龙、雷龙、梁龙的鼻孔都是长在头顶上的。脖子最长的恐龙是马门溪龙，尾巴最长的恐龙一定就是梁龙了。梁龙全长约27米，是恐龙世界中的体长冠军。

小博士趣闻

梁龙的身体特征

梁龙体形巨大，脖子长约7.8米，尾巴长约13.5米。但是，梁龙的脑袋却纤细小巧。它的鼻孔长在头顶上。嘴的前部长着扁平的牙齿，嘴的侧面和后部则没有牙齿。它的前腿比后腿短，每只脚上有五个脚趾，其中的一个脚趾长着爪子。

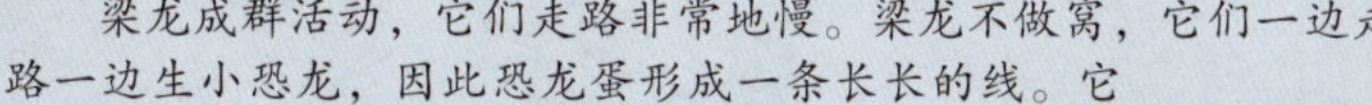

梁龙成群活动，它们走路非常地慢。梁龙不做窝，它们一边走路一边生小恐龙，因此恐龙蛋形成一条长长的线。它们不照顾自己的孩子。梁龙的脑袋非常小，所以它不聪明。

为什么食肉性恐龙很难靠近钉状龙

钉状龙有许多小型骨板沿着颈部与肩膀排列。而背部后方与尾巴通常有6对尖刺，每个尖刺长度为0.33米。钉状龙的尖刺能起到很强的自我保护的作用，钉状龙可能曾被类似异特龙的兽脚类恐龙所猎食，受到攻击时它们可左右挥动有尖刺的尾巴。钉状龙臀部两侧的尖刺也可保护它们免受攻击。

小博士趣闻

钉状龙真的长有后脑吗

在剑龙类恐龙中，钉状龙的体形小。钉状龙的嘴部有小型颊齿，可能以蕨类与低矮植物为食。科学家曾经以为钉状龙有两个脑：前边的“小脑”和后边的“大脑”。不过，学者现已经确认，钉状龙的“后脑”只是储存能量的器官，并不承担任何其他“脑力活动”。

为什么似鳄龙被称为“沼泽杀手”

似鳄龙生活在白垩纪草木葱郁的沼泽地。其体形大如暴龙，却食鱼为生。似鳄龙站在水中，一旦有鱼儿从脚下穿梭游过时，它便立即张开大嘴，或用拇指上的爪子扑向猎物。似鳄龙凭借一张长嘴巴，加上一口锋利的牙齿，而被称为“沼泽杀手”。

似鳄龙的学名

似鳄龙学名意为“类似于鳄鱼”，意思是它长着像鳄鱼一样的吻部和锋利的牙齿。似鳄龙嘴里的100多颗牙均向后弯曲，就像耙子的齿一样。而似鳄龙的鼻孔远离吻部末端，这就使得它在把嘴巴伸进水里捕鱼时仍能呼吸顺畅。

为什么暴龙被称为“世上最可怕的掠食者”

有史以来最大、最可怕的掠食者非暴龙类莫属，其学名意为“暴君的爬行动物”。暴龙类的祖先曾是一些小型恐龙，也许身上还长有羽毛。但是经过千万年的演变，它们成了庞大的巨兽。暴龙身躯庞大，颌部非常有力，嘴里布满利牙，毫不费力一口就可咬碎猎物的骨头。暴龙的体重是大象的两倍，长长的身躯足有一辆大型公共汽车那么长。暴龙的猎物，如三角龙、埃德蒙顿龙等的骨部深深的牙洞表明，暴龙的主要武器就是强有力的颌部和锋利的牙齿。

为什么霸王龙被称为“暴君”

霸王龙是一种凶残致命的恐龙，它在恐龙世界中的“暴君行径”是名不虚传的。其硕大的颚骨和锋利的牙齿能够将猎物撕裂成牙签大小。这种恐龙的体形很庞大，体长约12米，身高约6米，体重近7257千克。霸王龙是两足行走，在0.65亿年前白垩纪末期主要生活在北美洲西部的广阔地域。目前，科学家们仍置疑霸王龙是动作迟缓的食腐动物还是动作敏捷的掠食性动物，但无论它的食物如何，它口中的猎物一定很大，这种食肉性恐龙进食时一定非常血腥。

霸王龙的祖先

霸王龙的祖先来自三叠纪晚期的始盗龙（Eoraptor），它身长只有0.9米，还不到1米，体重只有5～7千克。始盗龙的下颌中部没有素食恐龙那种额外的连接装置，而是在下颚的中间，有一个能够让下颚弯曲的活动关节，当双颚咬住东西的时候便会紧紧钳住猎物，而暴龙就有这种下颚！

小博士趣闻

小博士趣闻

小盗龙的化石

据小盗龙的化石来看，这种动物长有牙齿和尾椎，前肢上还长有大爪子。虽然小盗龙没有拍翅起飞所需的大块飞行肌，但它就像鼯鼠那样，利用自己的翅膀滑翔，其尾端的尾扇呈菱形，上面并没有羽毛，能够在飞行中起到平衡作用。

为什么说小盗龙是最小的恐龙之一

小盗龙，学名的意思为“小盗贼”，其体形与一只鸽子大小相当，是已知最小的恐龙之一。小盗龙全身覆盖着羽毛，其四肢张开时，就像两对张开的翅膀，可以在林间自由地飞翔。小盗龙为驰龙类的一员，为伶盗龙的近亲，同属肉食性恐龙，但不属于鸟类。

似鸵龙与鸵鸟长得很像吗

似鸵龙不太像鸵鸟，它长着一条长长的尾巴，其长度达到3.5米左右，占了整个身体的一半还多。这条长尾巴不像它那条可自由弯曲的脖子那样灵活。当似鸵龙飞跑的时候，它的尾巴僵直地伸在后面。如果似鸵龙要飞快地越过一段崎岖不平的坡地，它的尾巴会起到保持平衡的作用。似鸵龙脚上长着平直的、狭窄的爪子，这些爪子把在地上就好像跑鞋上的钉子，可防止它们全速追赶猎物时脚下打滑。

似鸟龙与似鸵龙是同种恐龙吗

很多科普书籍都称似鸟龙与似鸵龙是同一种恐龙，其实是误解了，似鸵龙的拉丁文是“struthiomimus”，意为“模仿鸵鸟的恐龙”。而似鸟龙的拉丁文是“saurornithoides”，意为“像鸟似的恐龙”。

似鸟龙科的归类

似鸵龙早期曾被归类于似鸟龙的一个种，而似鸵龙与似鸟龙所属的似鸟龙科也有着复杂的分类历史。奥塞内尔·查利斯·马什最初建立似鸟龙科时，将似鸟龙科归类于鸟脚亚目，而在5年后归类于角鼻龙下目；在1891年，古斯塔夫·鲍尔（Gustav Baur）将其归类于禽龙下目；在1993年，戴尔·罗素与董枝明则将它们归类于偷蛋龙下目。之后的许多研究则将似鸟龙科归类于虚骨龙类。

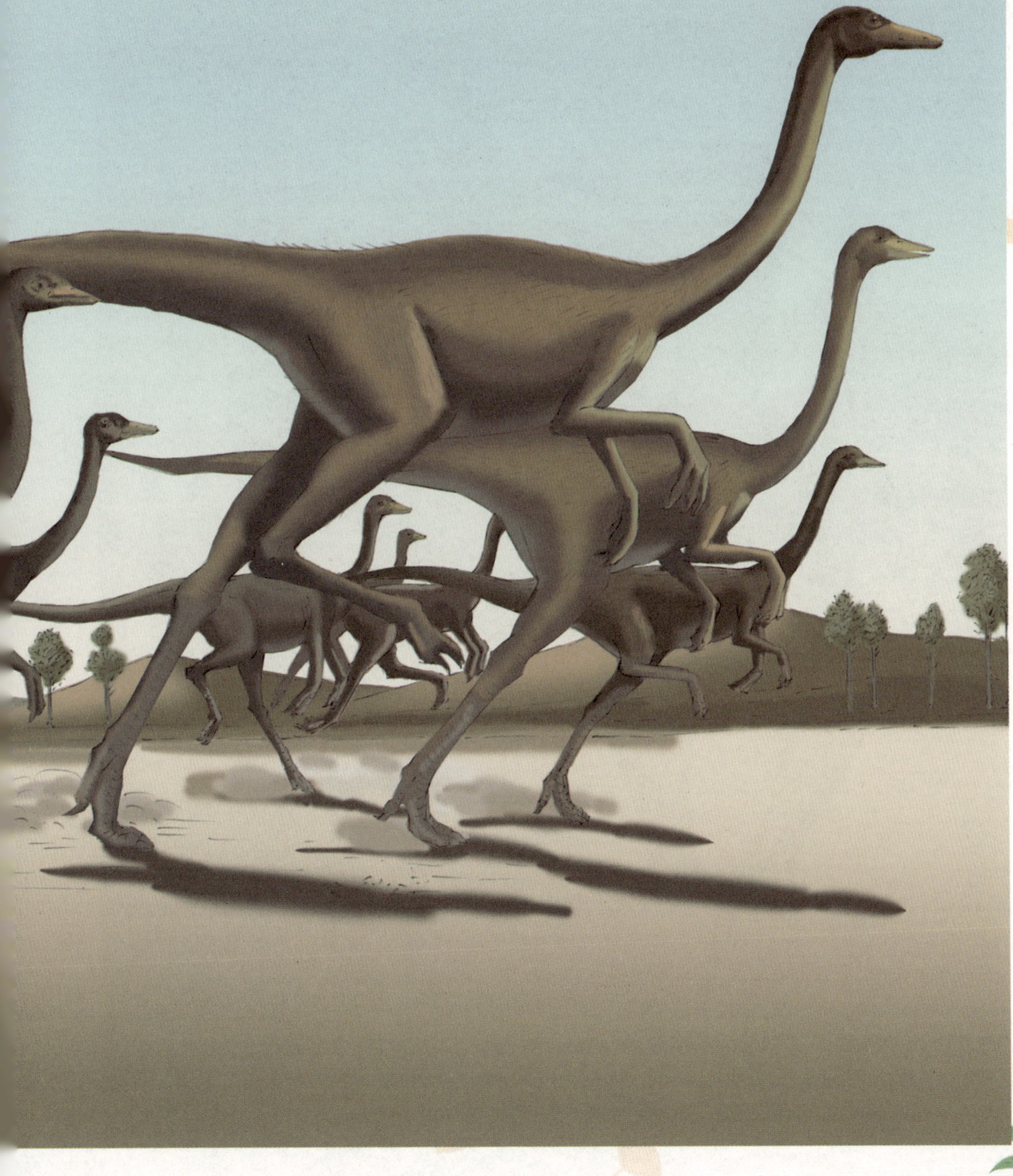

为什么说美颌龙类是掠食者

美颌龙长着大大的眼睛，锋利、弯曲的牙齿，指上有爪。不过它的体形大小仅如一只鸡。美颌龙和鸟类一样，其骨头是中空的，以助于减轻体重，是一种体态轻盈的掠食者。在捕获猎物时，它们用趾尖快速奔跑，甚至连蜥蜴这类逃跑速度非常快的猎物也能毫不费力地追上，然后咬住它们。美颌龙长长的尾巴几乎超过身体总长的一半，以便在快速奔跑急转弯时保持身体平衡。它们与鸟类的祖先有着亲缘关系，身上大部分区域都长有绒毛状的披毛，背部披毛最密。

美颌龙

美颌龙最早出现于距今1.51亿年的晚侏罗世，绝灭于距今1.08亿年的早白垩世。美颌龙是几类确知其饮食的恐龙之一，在两个标本的肚中都有小型的蜥蜴。

小博士趣闻

为什么说剑龙是最笨的恐龙

剑龙生活在侏罗纪晚期的北美地区，被认为是恐龙家族中最笨的成员。它们体形巨大，身长与非洲大象差不多，但是脑袋又扁又小，其中大脑部分只有一个核桃大小，比狗的大脑还小。想要指挥那庞大的身躯，剑龙那小小的脑袋显然是不够用的，所以它才有了“最笨的恐龙”这个名称。不过，这并不影响剑龙的生活，因为剑龙专吃植物，并且性情温和，动作迟缓，既不用快速奔跑，也不用围攻猎物，所以不需要像食肉恐龙那样总要动用智力。

小博士趣闻

剑龙的骨板有什么作用

剑龙的肩部或尾部都长有较长的尖棘，能够起到一定的防御作用。除此，其背上还长有两排骨板。这些骨板看起来很大，似乎也更吓人，但这些骨板是否防御功能更强大呢？其实不然。剑龙演化出这些骨板很有可能只用于求偶或用来调控体温。

海洋霸主——沧龙

沧龙在6500万年前，是赫赫有名的霸主，顶级的掠食者。沧龙长有一口锋利的牙齿，动作敏捷，奔跑速度快，并且不会发出一点儿声音。沧龙本来是身长不足1米的小鱼龙，为了不被金厨鲨给吃掉，慢慢地长成了10米左右的大鱼龙，最终成为海洋霸主。

为什么说沧龙是现代蜥蜴和蛇的近亲

在白垩纪即将结束之时，海洋中生活着一种神秘、恐怖的海兽，它们的名字叫沧龙。据科学家分析表明，沧龙的祖先是小型的陆生蜥蜴，为了生存而逐渐向水域演化。为了能够适应海中的生活，它们的四肢演化为鳍状肢，躯体也借由海水浮力的支撑而变得越来越大。

小博士趣闻

翼龙大脑的三维图像

美国俄亥俄大学的研究人员在最新一期《自然》杂志上报告说，他们使用计算机分层造影扫描技术，依据化石建立了翼龙大脑的三维图像。图像显示，翼龙的小脑叶片相当发达，其质量占脑质量的7.5%，是目前已知的脊椎动物中比例最高的。与之相比，擅长飞行的鸟类的小脑叶片也只占其脑质量的1%～2%。

为什么翼龙能在空中飞行

在我们的脑海中，似乎总认为恐龙的身体庞大而笨重，怎么可能会像鸟儿一样轻盈地翱翔于蓝天上呢？但作为爬行动物的翼龙，确实能像鸟儿一样飞翔于空中。1984年，美国和英国的科学家分别模仿制作了一具翼龙， 并成功地将它送上天空飞行。这次实验证实了，翼龙虽然躯体庞大，但同样能够在空中自由翱翔。科学家还根据挖掘出的化石推断，最古老的翼龙是真双型齿龙，生存于2亿多年前中生代三叠纪后期，它们有着长长的尾巴。到了侏罗纪中期，翼手龙出现了。到了6500万年前的白垩纪末期，全部的翼龙都消失得无影无踪了，而把广阔的空间留给了昆虫和以后出现的鸟类。

中国鸟龙为什么不是鸟类

中国鸟龙是驰龙类的早期成员。据科学家研究表明，中国鸟龙全身都覆盖着羽毛。中国鸟龙的学名真正的意义为“中国的鸟龙”，但它并不是真正意义上的鸟类，因为它身体过重，根本不能飞行，但它也许会爬树。科学家认为，它和其他的驰龙类一样，由会飞的祖先演化而来。

小博士趣闻

中国鸟龙的绒毛有什么作用

中国鸟龙身上长有色彩斑斓、大小不一的绒毛。其作用可以保持体温，其前肢上的长羽毛可以用来保护幼崽，或是向异性示爱。

为什么说窃蛋龙类是不飞鸟的远古祖先

窃蛋龙类外形奇特，往往身披羽毛，还长着一张鹦鹉嘴状的喙。虽然它们是从肉食性的兽脚类演化而来，但这类恐龙是杂食性甚至是植食性的。它们的嘴里牙齿极少，吻部也很短，头顶上还长着漂亮的脊冠。据化石证据表明，窃蛋龙类和鸟类一样会孵蛋。因此，一些科学家认为它们就是不飞鸟类的远古祖先。

小博士趣闻

窃蛋龙真的会偷吃蛋吗

这种恐龙化石最早是在一窝原角龙的蛋旁边发现的，骨头已经破碎，科学家认为它们正在偷吃原角龙的蛋，所以取名为窃蛋龙。后来证明它们不是在偷蛋吃，而是在保护自己的蛋。窃蛋龙身材较小，它的后腿很长，尾巴较短，前肢强壮。每只“手”上有3个长长的“手指”，每只“脚”有3个“脚趾”。所有的“手指”和“脚趾”都有锋利的“爪子”。窃蛋龙头的形状就像鸟的头。它的短喙有着强壮的下巴。在它的鼻子上还长着小角。窃蛋龙的脑袋相当大，所以比较聪明。它产卵并抚养自己的孩子。窃蛋龙用两条腿走路。

为什么始盗龙被称为“黎明的盗贼”

始盗龙是最早的恐龙之一，其学名的意思为“黎明的盗贼”，这是因为它出现在恐龙时期。始盗龙的体形大小如狐狸，但它可依靠后肢站立并快速奔跑。一旦捕到猎物，便用爪子和牙齿将猎物身体撕碎。

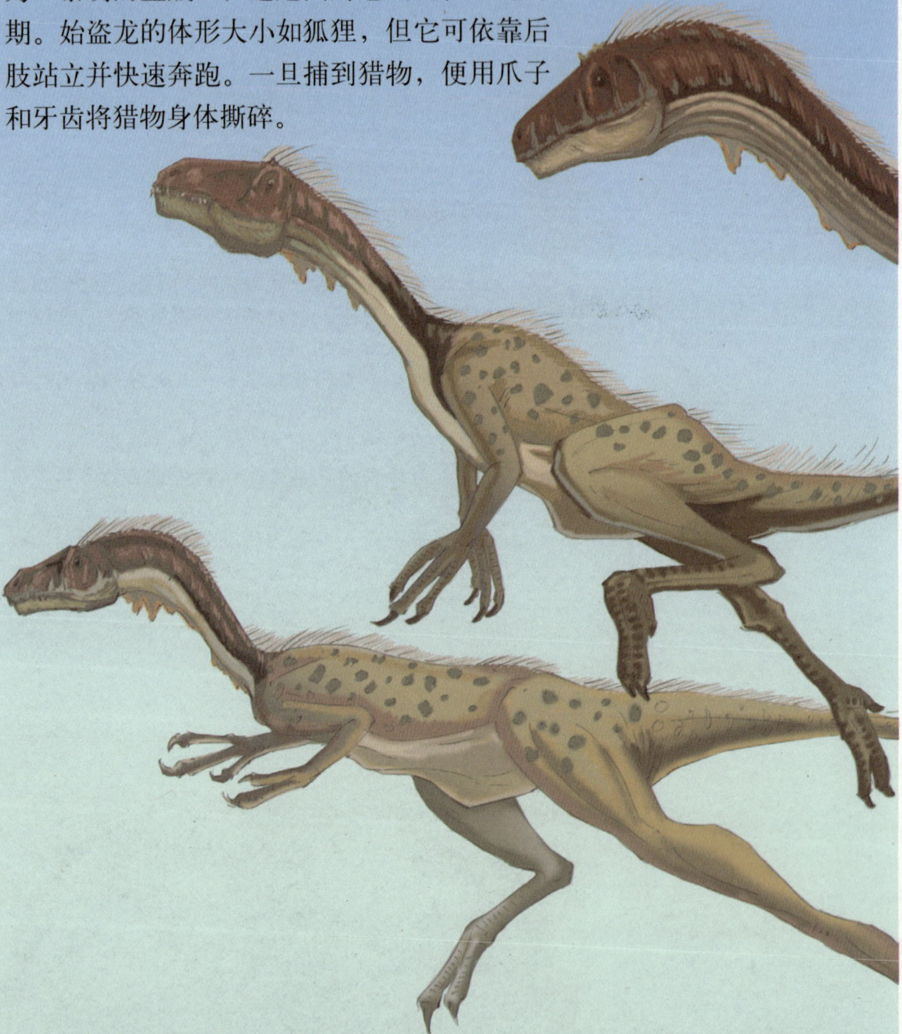

凶猛而聪明的掠食者

始盗龙前肢的爪子软弱无力，并有像晰蜴一样的腰带。科学家仍不确定它身上是否有鳞片和羽毛，但既然认为始盗龙是温血动物，那么它身上就不需要很多的覆盖物。据科学家推测，始盗龙是一种凶猛而聪明的掠食者。